青年学者文丛

知识特征对专利质量的影响研究

王萍萍　编著

北京邮电大学出版社
www.buptpress.com

内 容 简 介

专利是最常见的技术表现形式，对专利质量的分析有助于揭示技术创新过程中的科学规律。本书用理论分析和实证研究相结合的方法，以专利体系中最小的、不可再细分的知识单元为分析对象，打开技术创新过程的“黑箱”，研究知识单元特征影响专利质量的机制和效果，为现有的技术创新管理研究和实践提供重要的补充和指导。

本书可供技术创新、情报学等领域关注技术创新管理、技术评估和预测等问题的研究人员、学生、企业员工或管理人员阅读参考。

图书在版编目(CIP)数据

知识特征对专利质量的影响研究 / 王萍萍编著. -- 北京 : 北京邮电大学出版社, 2019.5
ISBN 978-7-5635-5724-0

Ⅰ. ①知… Ⅱ. ①王… Ⅲ. ①知识—影响—专利—研究 Ⅳ. ①G306

中国版本图书馆 CIP 数据核字(2019)第 088512 号

书　　名：知识特征对专利质量的影响研究
作　　者：王萍萍
责任编辑：刘春棠
出版发行：北京邮电大学出版社
社　　址：北京市海淀区西土城路 10 号(邮编：100876)
发 行 部：电话：010-62282185　传真：010-62283578
E-mail：publish@bupt.edu.cn
经　　销：各地新华书店
印　　刷：北京九州迅驰传媒文化有限公司
开　　本：720 mm×1 000 mm　1/16
印　　张：9.5
字　　数：159 千字
版　　次：2019 年 5 月第 1 版　2019 年 5 月第 1 次印刷

ISBN 978-7-5635-5724-0　　定　价：35.00 元

·如有印装质量问题，请与北京邮电大学出版社发行部联系·

前　言

根据世界知识产权组织(WIPO)的数据,2011年中国知识产权局共受理发明专利申请52.6万件,超过美国50.3万件和日本34.2万件的水平,正式成为专利申请第一大国,并在之后的7年内连续保持领先。2011年中国知识产权局授权专利数17.2万件,同期美国和日本授权专利数分别为22.4万件和23.8万件;2017年,中国知识产权局授权与申请发明专利数量之比为30.41%,同期美国和日本这一比例分别为52.53%和62.67%。单从授权率这一指标来讲,中国仍然是专利数量大国而非专利质量强国。因此,深入分析影响专利质量的因素,降低技术创新活动的不确定性具有非常重要的现实必要性。

专利作为一种最常见的技术表现形式,因其系统化和结构化的数据为实证研究提供了诸多便利而备受创新研究学者们的青睐,基于专利的研究在创新研究中占有非常重要的份额。从内容来看,这些研究主要集中于组织、团队或个人层面,分析组织、团队或个人特征对创新绩效(通常以专利指标来度量)的影响。但这些研究通常假定分析单元在观测期内的所有创新活动是同质化的,忽略了单个创新活动过程的异质性,无法揭示专利产生过程的科学规律及不同专利质量差异的原因。

近些年来,在 *Academy of Management Journal*、*Research Policy* 以及 *Industrial and Corporate Change* 等一些顶级期刊上发表的文章开始从知识组合理论视角着手,将专利产生的过程视作一组知识单元组合的过程。但由于研究方向所限,这些研究仍然没有充分揭示专利产生的过程机制、专利质量的影响因素及其效果。在我国建设专利强国的紧迫性和技术创新微观层次研究薄弱双重因素推动下,开展了本书的研究工作,即知识特征对专利质量的影响研究(以下简称"本研究")。

本书是一本旨在打开技术创新过程的"黑箱",揭示技术产生的微观过程,反映专利质量的影响因素及其作用机制的著作。本书立足于创新理论、知识组合理论、技术演化理论以及社会网络研究范式,以纳米技术领域的专利数据为样本，采用理论分析和实证研究相结合的方法，为技术创新理论研究和管理实践提供重要补充和有效指导。

本书的出版得到了清华大学经济管理学院王毅副教授、中央财经大学国防经济与管理研究院陈波院长的大力支持。在本书即将出版之际，谨向所有关心和支持的领导、专家和朋友表示衷心的感谢！如有疏漏之处，敬请批评指正！

王萍萍
中央财经大学

目　录

第1章 绪　　论

1.1 研究背景与研究意义

1.1.1 研究背景

创新是推动经济发展和社会进步的重要力量。2014年9月,李克强总理在夏季达沃斯论坛上发出了“大众创业,万众创新”的号召。随着我国经济增速放缓,经济增长方式的转变迫在眉睫,传统的资源高度依赖的经济增长模式已经难以持续,必须通过寻找新的经济增长力量,加快我国经济变革的进程。21世纪是知识经济时代,知识将替代传统的能源成为经济增长的新引擎。知识是技术变革的基本要素,是创新的必要条件。早在18世纪经济学领域和社会学领域的研究中对知识的经济价值的讨论就已经出现(Berggren et al.,2013)。在最近的文献中,学者们开始从知识的视角来回答“企业为什么会存在”这一管理学领域永恒的话题(Grant,1996a;Kogut et al.,1992;Nickerson et al.,2004)。一些学者认为,企业存在的意义在于进行知识活动——知识组合(Grant,1996a,1996b;Kogut et al.,1992)。从知识管理的角度来讲,知识组合是知识创造过程中一个十分重要的环节,Nonaka(1994)认为,知识组合与知识的社会化、知识的内部化和知识的外部化相互作用从而完成了知识的创造。关于知识组合的研究从来不局限于知识管理领域,早在1934年,熊彼特便建立了知识组合与创新之间的密切联系,他认为创新的产生是对现有知识进行新组合(new combinations)的结果(Kogut et al.,1992)。从本质上来讲,创新的过程就是知识创造的过程,是新旧知识组合的过程(Fleming,2001;Fleming et al.,2001)。从理论角度,知识组合是创新研究领域非常重要的一个分支,是一个十分有前景的研究话题(Antonelli et al.,2010)。实践中,企业如何培养和提升自身的知识组合能力,应对高速变化的技术和市场环境,也是困扰管理者的难题。因此无论是对学术研究还是企业管理实践,知识组合都是非常重要的话题。

那么知识组合的研究目前处在什么样的阶段?学术界关于知识组合的概念界定是怎样的?哪些因素会影响知识组合?知识组合和创新的关系是什么?知识组合应该是结果还是过程?带着对这些问题的思考,本书首先通过文献统计分析的方法梳理了知识组合研究的变化和发展趋势。

第一步,通过 Google Scholar 搜索引擎,分别以"knowledge recombination""knowledge combination""knowledge combination and innovation"为关键词进行文献检索,检索时间范围设定在 1970—2014 年,共检索到了 1 443 个条目,其中包括期刊文献、书籍、学位论文等。

第二步,将非期刊条目予以剔除,将期刊文献根据所属期刊予以分类,并根据每个期刊的相关文章数量进行排序,最终筛选了相关文章数排名前 15 的期刊,这些期刊都是管理学领域的顶级期刊,分别为:*Strategic Management Journal*(*SMJ*)、*Organization Science*(*OS*)、*Research Policy*(*RP*)、*Industrial and Corporate Change*(*ICC*)、*Academy of Management Journal*(*AMJ*)、*Journal of Management*(*JOM*)、*Academy of Management Review*(*AMR*)、*Journal of Management Studies*(*JMS*)、*Journal of Evolutionary Economics*(*JEE*)、*Management Science*(*MS*)、*Journal of Economic Behavior & Organization*(*JEBO*)、*Economics of Innovation and New Technology*(*EINT*)、*Technovation*、*Organization Studies*、*Journal of Product Innovation Management*。通过这一步,共保留检索条目 542 条。

第三步,通过阅读文章的题目、摘要、引言,将那些虽然符合检索标准但研究焦点与知识组合相关度较低的检索结果剔除,由此获得超过 400 篇文章。基于这些文章,我们对知识组合研究的趋势进行统计,并以其中与本研究问题高度相关的文章为基础,逐步开展本书的研究工作。各个期刊与知识组合相关的文章总数以及文章在不同研究层次的分布情况如表 1.1 所示。

从表 1.1 可发现,*Strategic Management Journal*、*Organization Science* 和

Research Policy 三个期刊发表的与知识组合相关的文章数较多。从研究层次来看，大多数研究集中在企业层次（企业内或者企业间合作），主要关注企业内发明者网络、企业间战略联盟等与企业创新的关系。涉及的理论包括社会学、经济学、组织行为、知识产权、制度理论、战略管理以及创新管理等。

表 1.1 各期刊文章数及不同分析层次文章数

期刊	文章数	知识	个人	团队	组织内	组织间	行业	区域	国家	经济系统	创新体系
Strategic Management Journal	77	1	3	1	50	16	2	0	2	0	0
Organization Science	69	2	8	8	32	11	0	1	1	0	0
Research Policy	54	0	3	2	19	9	3	3	5	0	3
Industrial and Corporate Change	31	1	0	0	19	4	1	1	0	0	0
Journal of Product Innovation Management	29	0	1	5	14	8	0	0	0	0	0
Academy of Management Journal	24	0	0	5	13	2	1	0	0	0	0
Journal of Management	20	1	2	3	10	1	1	0	0	0	0
Journal of Management Studies	20	0	2	1	11	4	0	0	0	0	0
Management Science	18	1	3	1	9	3	0	0	0	1	0
Technovation	18	2	0	1	7	3	2	1	1	0	0
Journal of Evolutionary Economics	17	0	2	1	4	3	2	2	0	2	0
Academy of Management Review	13	0	1	1	6	2	0	1	0	0	0
Economics of Innovation and New Technology	12	1	0	0	3	2	1	0	0	2	2
Organization Studies	11	1	2	0	5	3	0	0	0	0	0
Journal of Economic Behavior & Organization	10	0	2	0	4	2	0	0	0	0	0

由于每个期刊的发表周期与文章总量不同，为了反映各个期刊与知识组合相关研究的变化趋势，我们统计了 1970—2014 年间这 15 个期刊发表的与知识组合相关的文章总数以及 2010—2014 年 5 年间相关文章的发表数，绘制柱状图如图 1.1 所示。折线图为 5 年发表量占总量的比例。从图 1.1 中可以看出，几乎所有期刊的 5 年发表量占总数的比例都在 50%左右，比例最低的 *Journal of Economic Behavior & Organization* 也达到 35.7%。

根据文献统计结果，有以下两点发现：

① 关于知识组合的研究主要集中在企业、团队和个人层面，尤以企业层面的研究为主；

② 管理学顶级期刊发表的文章中，知识组合相关的研究正不断增加，说明学

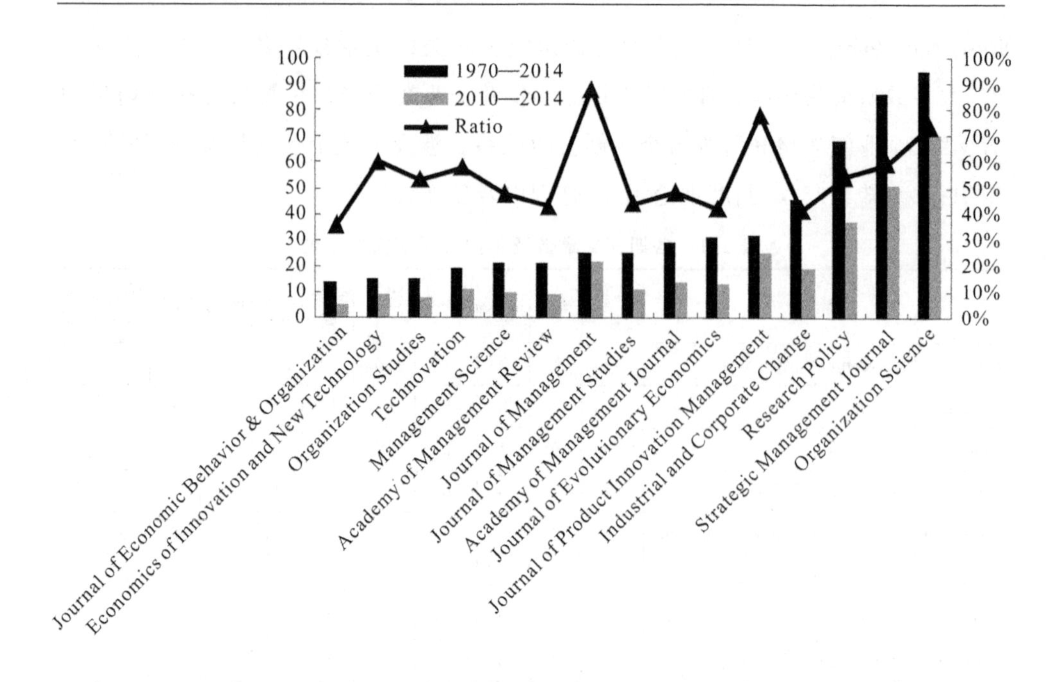

图 1.1　1970—2014 年主要期刊相关文章发表情况及 5 年对比

者们对知识组合的关注度近年来有明显上升的趋势。

正如 Antonelli 等人(2010)所说，知识组合的研究是一个非常有前景的研究领域。但 Tell(2013)认为，知识组合在研究中常与知识整合混淆，学者们没有对两者进行概念上的区分。同时，关于知识组合的独立研究非常少，对知识组合的关注度远不如知识整合多。

在创新领域学者们普遍认同的“创新过程本质上是知识组合的过程”的观点基础上，本书进一步梳理了知识组合理论的发展现状，发现至少有以下有待解决的问题。

(1) 知识组合的概念不清楚。虽然组合的思想早在熊彼特的著作中就已经出现，但以往研究中关于知识组合的概念仍然比较笼统，没有形成统一的认识。比如，Kogut 和 Zander(1992)提出了组合能力的概念，但并没有具体阐释组合的概念以及组合的过程是如何发生的。Nonaka 等人(1995)认为知识组合是知识创造过程的其中一个环节，是指组织内部或外部的显性知识与显性知识进行组合的过程。陈力和鲁若愚(2003)认为知识组合是一个将企业内部的知识重新梳理并将员工和组织的知识有机融合形成系统的知识体系的动态过程。总体来说，学者们关于知识组合的定义不够具体，很难根据这些概念对知识组合有一个清晰的认识。

(2) 知识组合与创新的关系是什么？有些学者认为创新的过程就是知识组合的过程，那么知识组合的过程是怎样的？会对创新绩效产生怎样的影响？知识组合在现有的创新研究中应该处于什么样的位置？这些疑惑很少有研究能够给予解答。

(3) 现有的文献多从企业、团队或者个人层面开展，这是因为知识是具有层次的，即存在个人知识、团队知识和组织知识。但是聚焦知识本身的研究非常少，我们认为知识层面研究的缺乏是知识组合理论不成熟的一个非常重要的原因。

在文献统计的基础上，本书对知识组合研究的趋势、知识组合理论的发展现状、知识组合研究在创新研究中的重要地位均有了一个比较初步的认识。在学者们已有的研究成果的基础上，以目前研究中存在的问题为核心，本书将进行深入的分析和探讨。具体来讲，将主要围绕以下几方面问题展开。

(1) 知识组合是什么？知识组合的研究对于揭示创新的过程具有非常重要的意义。但是知识组合的研究目前尚不成熟，关于知识组合的定义没有达成一致，尤其是国内学者对知识组合的认识比较笼统和抽象。

(2) 知识组合与创新的关系是什么？一些学者认为创新过程就是知识组合的过程，一些学者则认为知识组合过程是创新过程的一个环节，此外还有学者将知识组合看作是一种结果而非过程。所以在搭建理论模型之前必须首先厘清知识组合与创新的关系。

(3) 知识特征对知识组合行为、创新绩效的影响以及知识组合行为在创新过程中发挥的作用。

1.1.2 研究意义

虽然创新领域的学者反复强调知识组合在创新中的重要作用，但实际上知识组合是知识基础观(KBV)视角下企业非常重要的一项活动(Grant,1996b;Kogut et al.,1992)。本书从知识基础观出发，构造了影响知识组合的前因变量；以创新绩效为结果，探索了知识组合对创新绩效的影响。本书的研究工作具有非常重要的理论和实践意义。

(1) 理论意义

本书旨在从知识组合视角对影响创新绩效的因素进行研究。在建立“知识特征→知识组合行为→创新绩效”理论模型的基础上，构建知识特征的三个维度作为解释变量，构建创新绩效的两个维度作为被解释变量，将知识组合行为进行分类以分类变量作为中介变量，分析了知识特征如何影响知识组合行为、知识特征如何影响创新绩效以及知识组合行为对知识特征和创新绩效的非线性中介效应。本研究的理论意义至少包括以下几方面。

第一，从基本概念出发，对知识组合的内涵以及知识组合的分类进行系统的回顾和重新界定、整理。对知识组合的研究主要来自创新和知识管理领域，创新研究的学者和知识管理研究的学者分别对知识组合的概念有不同的认识和理解；此外，学者们分别从不同的层次对知识组合进行定义。本书首先系统地回顾了知识组合的定义，承袭创新领域学者的观点，从知识的层面对知识组合的概念重新进行界定，同时提出了知识组合的不同分类，构建了知识组合行为的不同维度，为之后的理论和实证研究奠定基础。

第二，本研究建立的“知识特征→知识组合行为→创新绩效”作用机制模型是对现有创新研究的重要补充。以往的研究大多遵循“特征→结果”的逻辑，将创新的过程看作黑箱，忽略了创新过程因素在知识特征与创新绩效之间的中介效应，因此产生了彼此矛盾的研究结论。本书在已有研究的基础上，突破传统的逻辑，揭开创新过程的黑箱，探索了知识特征通过知识组合行为对创新绩效的影响。对于完善创新领域的相关研究、搭建完整的SCP理论模型具有非常重要的意义。

第三，从两个维度构建了创新绩效衡量的指标。在以专利数据为样本的研究中，专利的新颖性和有用性常被用来看作创新绩效的代理变量。但以往的研究没有明确这两个指标的异同，在衡量创新绩效时经常出现混用的情况。实际上，新颖性和有用性衡量的是专利质量的不同方面。新颖性强调的是与现有知识、技术的差异，而有用性则强调的是社会和技术价值，常以被其他专利引用的次数来表示。虽然某些情况下，两个指标会产生协同，但多数情况下，新颖性和有用性之间不存在必然的联系。本研究从两个维度构建了创新绩效的指标，并检验了知识特征、组合行为对不同指标的影响，强化了对创新绩效测度体系的认识，为创新研究中指标的选择提供参考。

第四，归纳了“知识特征→知识组合行为→创新绩效”作用机制模型中各部分影响发生的机制，提出了组织能力和路径依赖两个机制。以往的研究在理论推导时虽然也会对作用机制进行阐释，但是比较随意、模糊，并没有对作用机制进行专门的解释。从这个角度来讲，本研究也是一个重要的理论补充。

第五，建立了知识组合的量化体系。关于知识组合的实证研究比较少，其中一个很重要的原因是在知识组合概念尚不清晰的情况下，知识组合的量化体系没有形成。尤其是组织、团队或个人层面的研究，对知识组合进行量化分析是非常困难的。本研究以专利数据为样本，结合专利分类体系的固有优势，以专利的分类号来表征知识单元，以分类号之间的共现关系表征知识单元之间的链接，以分类号（或分类号的共现关系）在样本中出现的时间判断知识单元（或知识链接）的新旧，从而将抽象的知识组合过程进行量化和具体化，为之后的研究者进行更加深入的探索提供了参考和借鉴。

(2) 实践意义

本研究虽然是基于知识层面、以知识单元为分析对象的研究，但知识单元是企业最基本的要素，是企业创新活动的起点。通过研究企业能够更好地认识到创新活动的微观机制，知识的结构对知识管理、创新行为以及绩效的影响，对企业有非常重要的实践指导意义。

① 有助于企业认识创新活动的本质，为企业进行创新管理提供重要的参考。知识组合的研究非常重要的贡献在于将原本随机、不确定的创新过程解剖，通过分析创新活动的过程，企业可以针对现有的知识结构体系，采取适当的组织措施，比如调整组织结构、建立完善的沟通机制，从而对创新的过程进行管理。

② 本书探讨了知识特征对知识组合行为、创新绩效的影响。其中，知识多样性和知识依赖度反映了知识本身的一些特征，知识多样性反映在个体层面就是以员工为载体的知识的多样性，企业在进行人才体系构建时，通过分析现有的知识结构，可以有针对性地制定人才政策；知识依赖度对知识组合行为和创新绩效的影响机制表现在个人或组织层面的路径依赖性。因此，组织必须建立灵活的组织结构和能不断地打破组织惯例和思维定式的沟通机制，以适应不断变化的外部环境。

③ 企业尤其是处于技术高速变化环境中的企业，必须加快人才的更新频率。因为员工的服务年限越长，对知识的熟悉程度越高，就越容易陷入“熟悉依赖”陷阱，从而限制了创新性知识组合行为，进而会影响创新绩效。因此，与传统的人才政策不同，企业必须适时地对现有的人才体系进行更新、“换血”，保证员工不断探索和创新的活力，才能保证企业持续的创新活力。

1.2 研究思路与研究方法

1.2.1 研究对象界定

本书的研究属于知识层面的研究，目的是揭示在创新过程中，知识的特征如何通过影响知识组合行为，从而对创新绩效产生影响。对创新过程中知识间互动对创新绩效影响的解析，使得原本不确定、随机的创新过程有章可循，降低创新过程的风险。因此，本研究所界定的对象包括知识、知识组合、创新绩效。

虽然关于知识的研究非常丰富，但是关于知识的定义并没有形成一致的观点。知识是一个涵盖范围非常广泛的概念，关于知识的探讨涉及哲学、社会学、经济学和管理学等领域。哲学家 Francis Bacon 认为知识是人类认识经验的结果。社会学家霍尔茨纳认为凡是能够认识人们行动的某些现实的反映就是知识。管理学大师彼得·德鲁克将知识划分到信息资源的范畴，他认为知识是一种能够改变某些人或某些事务的信息。Lewis(2004)认为知识是混合了结构化的经验、价值及洞察力的，像流体一样具有流动性。韦伯则将知识看作一类存在于人类心智的事实或原则。在管理学的研究中，知识、数据、信息常被看作是等同的概念，实际上三者是完全不同的。数据是记录事实的客观存在的离散数据；信息是从数据中提炼的有关数据联系的集合；而知识是在信息的基础上进一步提炼，是一种分析信息并进行应用的能力和经验，是可以通过个人的学习获取的。相对于数据和信息，知识的主观性更强。本研究是知识层面的研究，从组合的角度，所说的知识应该是有边界和可以模块化的，如非特殊说明，书中所涉及的知识均指知识单元，即一个知识模块。

(1) 知识单元

我国关于知识单元(有的文献中称为知识元)的研究比较晚。1993 年，我国学者朱晓芸等人提出了“原子知识元”的概念，被看作我国学者研究知识单元的开端。温有奎等人(2003)在《知识元链接理论》一文中将知识元定义为可使用的最小单位，是构造知识结构的基本单元。周宁等人(2006)认为知识元是一个词组集合，是不可再细分、切割的知识单位。文庭孝(2007)强调了知识单元应该是可以自由存储、表达和利用的。赵蓉英(2007)认为知识元是最小的知识要素，是知识的基本单位和结构要素。总体来说，关于知识单元的理解可以分为广义和狭义。广义的知识单元是泛指任何相对独立的内容和形式(徐荣生，2001)。从这个角度理解，广义的知识单元包含的内容非常宽泛和丰富，一本书即可以是一个知识单元，一篇文献也可以是一个知识单元。而狭义的知识单元是不能再细分的知识单位，是知识系统内最小且最基本的要素(徐荣生，2001；文庭孝 等，2014)。

国外学者常用 knowledge component 一词来表示知识单元。在实证研究中，学者们通常会用专利的分类号来代表知识单元(Aharonson et al.，2016；Carnabuci et al.，2013；Fleming，2001；Gilsing，Duysters，2008；Gilsing et al.，2008；Nooteboom，et al.，2007)。以 USPTO 专利分类体系为例，每一个分类号反映了一种技术功能，代表了一个知识单元。本书结合国内外学者对知识单元的定义和理解，将知识单元看作是知识体系中不可细分的基本单位，在实证研究中，可以用专利的分类号来表示。

(2) 知识组合

知识组合是指知识单元之间直接基于一定的规律和逻辑建立连接，并在此基础上形成一组知识集合的过程。知识组合是一种过程，也可以是一种状态。从过程角度来讲，知识组合是知识单元之间形成连接关系的过程；而从状态角度来讲，知识组合是知识单元之间连接关系的状态。本书采取 Fleming 等人的做法，如果两个分类号之间存在共现关系，则可以认为这两个知识单元之间形成了知识组合(Fleming，2001；Strumsky et al.，2015；Xiao，2015)。但是，本书关注的核心是知识组合的过程。

(3) 新知识和新组合

本书会涉及新知识和新组合的概念。所谓新知识，是指在整个知识体系中首次出现的知识，或者是在其他领域已经存在，但首次被应用于该领域的知识。从专利的角度来讲，如果一个分类号在其他技术领域已经存在，但是首次被应用于该领域，那么这样的知识即为新知识；或者是在整个专利体系中，该分类号都是首次出现的，即为新知识。同理，新组合也存在两种可能，一种是在其他领域已经出现，但是首次被应用于该领域的组合；另一种是在整个技术体系中首次出现的组合。

(4) 创新绩效

创新绩效是指创新活动的效率和效果。创新绩效常用的评价方法有三种：

①通过对创新过程进行评价来衡量绩效;②通过新产品和专利产出来衡量创新绩效;③通过商业化成果来衡量创新绩效。本书中涉及的创新绩效是通过专利的质量来衡量的。具体包括专利的新颖性和专利有用性两个维度。

在本书的后续部分,将针对每个研究对象予以详细阐述和分析。

1.2.2 研究内容

(1) 知识组合的基本概念及分类

知识组合相关的研究尚不成熟,要探讨知识组合在创新过程中的作用和影响首先需要对知识组合的基本概念有清晰的认识。因此,本书将在梳理国内外文献的基础上,针对学者们对知识组合的理解和认识,归纳知识组合的相关概念和分类方法,结合本书中研究的问题,对知识组合的概念进行定义,并对知识组合进行维度划分。

(2) 知识特征的指标构建

以往的研究往往只关注知识的某一方面特征对创新绩效的影响,但从演化的视角来看,技术进步的过程是诸多要素共同作用的结果,因此将针对本书研究的问题重新构建知识特征的指标。

(3) "知识特征→组合行为→创新绩效"SCP 模型搭建

为了探索知识组合行为在知识特征和创新绩效中的中介作用,本研究将打破已有的"知识特征→创新绩效"的逻辑,引入知识组合行为中介变量,搭建"知识特征→知识组合行为→创新绩效"理论模型,探索影响创新绩效的过程机制。

(4) 基于专利数据的实证检验

搜集专利数据,对研究的理论框架及研究假设进行实证检验。首先检验自变量和因变量之间的直接关系;其次,借助温忠麟等人关于中介变量为显变量的中介效应检验的方法,采用分阶段法对中介效应进行检验(温忠麟 等,2004;温忠麟 等,2005;温忠麟 等,2014;温忠麟 等,2016)。

1.2.3 研究方法

(1) 文献研究方法。由于对知识组合的研究不够成熟,因此为了摸清知识组合的研究现状,本书首先采用文献研究法对知识组合的概念进行梳理和界定,围绕研究主题开展文献的检索、阅读、归纳和分析。本研究的文献检索主要途径包括 Google Scholar、清华大学图书馆数据库，主要涵盖 EBSCO、JSTOR、Web of Science 等外文数据库以及中国知网数据库。本研究涉及的文献多达 200 多篇，主要通过 Zotero 插件和 CNKI E-Study 进行文献管理。Zotero 是一款非常好用的文献管理软件，文献的添加非常方便，但需配合 Google Scholar 才能发挥其便捷性，对英文文献的管理非常高效；CNKI E-Study 主要是基于中国知网数据库的一款文献管理软件，可以直接进行文献的检索和添加，以及引用的管理。总之，借助 Zotero 插件和 CNKI E-Study 极大提高了文献管理的效率。

(2) 定性分析法。首先，运用定性分析法从知识组合的角度对创新的过程进行解剖。在梳理已有文献的基础上，对知识组合的基本概念，知识组合行为包含的具体内容进行总结和探讨。结合了知识基础观理论、二元创新理论、架构式创新等思想将知识组合行为进行分析。其次，定性地梳理了知识特征、知识组合行为对创新绩效影响的逻辑。知识特征、知识组合行为对创新绩效的影响是本研究关注的核心，借助排列组合的基本思想、创新搜索的基本观点、组织能力以及路径依赖的机制，对“知识特征→知识组合行为→创新绩效”的逻辑进行严密的推导，搭建了理论模型，提出理论假设。最后，将专利新颖性和专利有用性这两个在之前研究中常被混淆的指标同时纳入创新绩效的指标体系，分别探索了对这两个结果变量的影响。

(3) 实证分析法。本研究以 1972—2011 年在 USPTO 申请并在数据采集日(2016 年 12 月 31 日)前获得授权的纳米技术领域的专利数据为样本，用专利新颖性和专利有用性衡量创新绩效并作为本研究的两个被解释变量，将知识多样性、知识依赖度和知识熟悉度作为解释变量，将知识组合行为作为中介变量进行实证分析。具体的实证分析方法包括：第一，通过负二项回归或零膨胀的负二项回归分别对知识特征与专利新颖性和专利有用性的关系进行检验。第二，分别采用负二项回归或零膨胀的负二项回归以及 Logit 回归，对知识组合行为的中介效应进行检验。具体的检验方法遵循温忠麟等人关于中介变量为显变量的中介效应的检验方法，通过三步分别检验影响的存在性。首先，检验自变量对因变量的直接影响；其次，检验自变量对中介变量的影响；最后，同时纳入自变量和中介变量，分别判断自变量和中介变量对因变量的影响。遵循特定的判断方法对回归结果进行分析，从而来判断中介效应是否存在。

为了有效地解决前文所述的研究问题，结合上述各研究方法，本书拟采用的技术路线如图1.2所示。

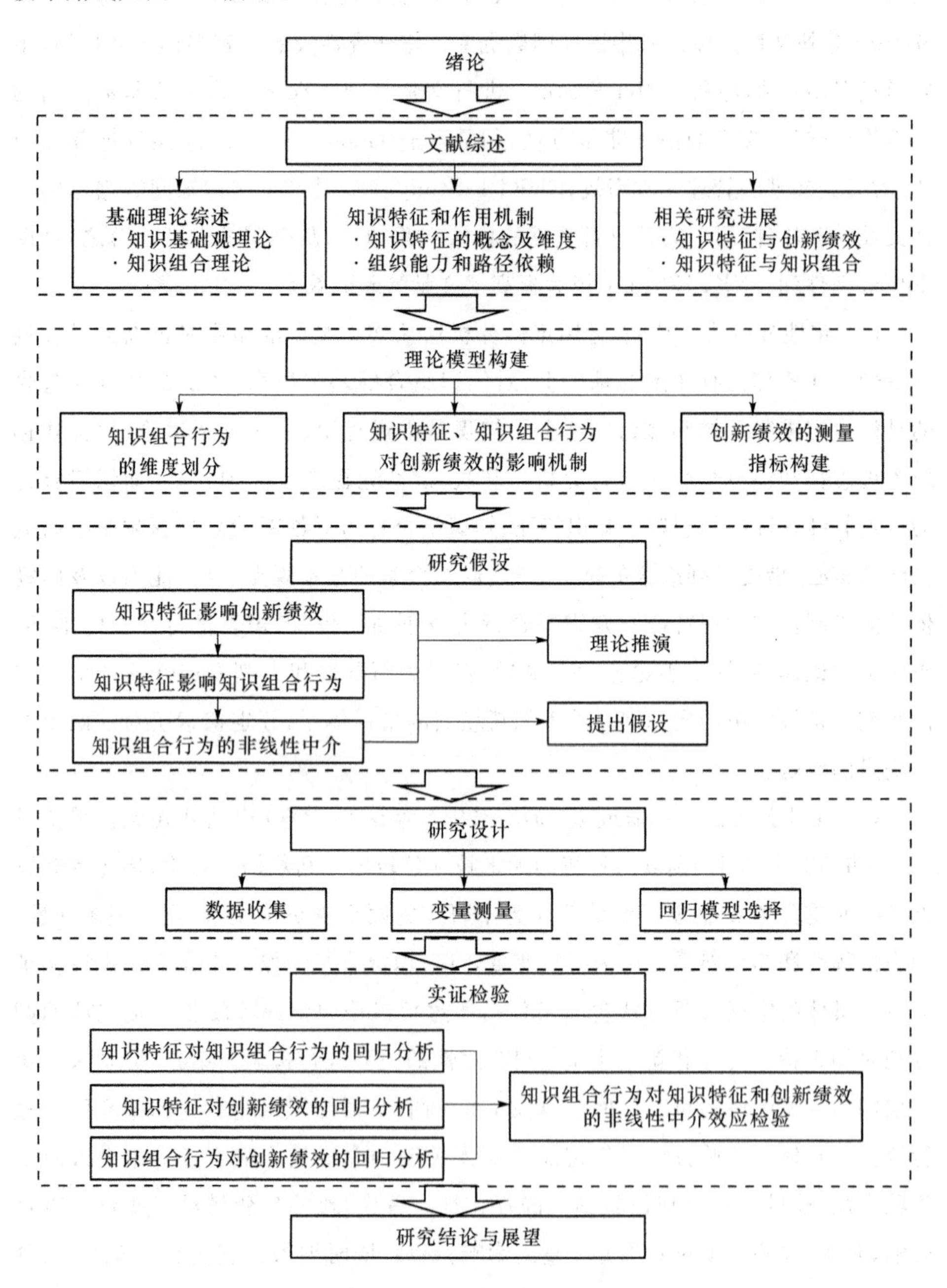

图1.2　本书的技术路线图

1.3 本章小结

本章介绍了关于知识特征对专利质量的影响这一研究提出的背景以及研究的意义。从研究背景来看，基于文献的统计结果表明知识组合的研究越来越受到学者们的关注，但是关于知识的一些基本概念问题仍然没有解决，极大限制了知识组合理论的发展。接下来紧扣研究背景，提出了研究的问题。针对问题对研究思路进行梳理，其中包括研究对象的界定、研究内容以及技术路线。本章最后对采用的研究方法以及研究的主要创新点进行了介绍。

第2章 文献综述

2.1 知识基础观相关研究

知识基础观是在资源基础观、动态竞争和组织学习等理论的基础上发展起来的。知识基础观认为知识尤其是隐性知识是企业的战略性资源，是企业核心竞争力的重要来源（Grant，1996a，1996b；Grant et al.，2004）。

因此，将首先对知识的概念进行回顾和梳理。

2.1.1 知识的内涵和分类

（1）知识

知识是知识基础观理论的核心。什么是知识这一基本问题也一直是哲学家们探讨的热点。哲学家 Francis Bacon 认为知识是人类认识经验的结果。社会学家霍尔茨纳认为凡是能够认识人们行动的某些现实的反映就是知识。管理学大师彼得·德鲁克将知识划分到信息资源的范畴，他认为知识是一种能够改变某些人或某些事务的信息。Lewis（2004）认为知识是混合了结构化的经验、价值及洞察力的，像流体一样具有流动性。韦伯则将知识看作一类存在于人类心智的事实或原则。从不同的学科角度，学者们关于知识概念的界定也有所不同。联合国经济合作与发展组织（OECO）的学者认为知识应该包括四类：事实知识（know what）、原理知识（know why）、技能知识（know how）以及专家知识（know who）。尽管 OECD 学者们对知识的这一定义没有详细说明知识包含了哪些具体的内容，但是这样一种分类方法确实得到学者们的普遍认可。

在管理学的研究中，知识、数据、信息常被看作是等同的概念，实际上三者是完全不同的。数据是记录事实的客观存在的离散数据(Davenport et al.,1998)；信息是从数据中提炼的有关数据联系的集合，信息具有明确的目的性；而知识是在信息的基础上进一步提炼，是一种分析信息并进行应用的能力和经验，是可以通过个人的学习获取的。相对于数据和信息，知识的主观性更强。

宋志红(2006)认为知识的外延除了数据和信息之外，还应包括技术和经验。通常来说，技术是指与生产相关的知识，包括有产权的技术和无产权的技术(Erdilek et al.,1985;沈达明 等,2015)。经验则是通过他人传授或者学习得到的知识(Penrose,2009)。技术和经验都属于知识的范畴。

(2) 知识的分类

知识的分类中，最常见的分类方法是根据编码程度来划分。奥地利学者Polanyi(1962)提出了知识缄默性的概念，他认为隐性知识(即缄默的知识)是很难通过言语或者文字进行表达的知识。在Polanyi工作的基础上，Johannessen等人(1999)进一步将知识划分为四类：隐性知识、显性知识、系统化知识和关系型知识。其中显性知识是最容易获取和理解的知识；隐性知识是相对比较难以获取和吸收的知识，往往是非正式的和非结构化的；系统化知识是指可以通过系统学习获取的知识；关系型知识则是与设计活动相关的知识。同样地，Nonaka等人(1995)根据知识的缄默性将知识分为隐性知识和显性知识，其中隐性知识描述的是难以沟通和分享的知识，由难以言传的信仰、思维方式和诀窍等构成；而显性知识则是可以通过语言、文字等形式描述，便于处理、传递和存储的。他根据隐性知识和显性知识的特点，提出了SECI知识转换模型。Smith(2001)通过对工作场所中员工在运用显性知识和隐性知识的特征差异进行分析，发现不同的员工因为所拥有的知识不同而导致了在运用知识时存在不同的行为习惯。

除了隐性知识和显性知识的划分之外，根据载体不同知识还可以划分为个体知识和组织知识。Winter和Nelson(1982)根据知识载体的类别不同将知识划分为三类：个体知识、群体知识和组织知识。不同层次的知识之间彼此联系相互作用，但不同层级的知识之间并不是简单的加总关系。比如说，群体知识除了个体持有的知识外，还包括与群体活动有关的知识，如群体的行为管理、成员之间的默契和文化等。Kogut和Zander(1992)将知识划分为know-how和know-what，其中know-how是主观的、很难通过言语表达的知识，是通过学习和实践掌握的知识;而 know-what 通常是指具体可阐述的知识。根据诀窍知识和信息,以及知识的层级,Kogut 和 Zander 总结了一个知识矩阵,如表 2.1 所示。Bhatt(2002)在研究个人知识和组织知识间的关系时,根据个人知识和组织知识之间的依赖关系和差异性,将知识分为简单知识和复杂知识。Hedlund(1994)将知识分为认知型知识、技术型知识和嵌入型知识。其中认知型知识有赖于个人的主观感受和体会,具有高度的主观性;技术型知识是应用性非常强的知识;而嵌入型知识是对前两种知识进行加工从而以产品或者其他形式表现出来的知识。

表 2.1 知识矩阵

分类	个体	群体	组织	网络
know-what	事实	专家知识	(非正式)正式组织结构,财务数据	定价,人际关系
know-how	沟通技能,问题解决技能	群体写作方法和工作流程	团队间协作原则和知识转移	组织间协作,买卖关系

注:知识矩阵由 Kogut 和 Zander(1992)整理,本研究翻译。

2.1.2 知识的特征及维度划分

Nonaka 等人(1995)将知识依据可编码程度划分为隐性知识和显性知识。Grant(1996b)认为知识的特征至少应该包括知识的内隐性(又称缄默性)、互补性、替代性、可沟通度等方面。其中内隐性衡量的是知识的可编码化程度;可沟通性衡量的是知识与其他知识进行组合的难易程度,知识的可沟通性越高,与其他知识进行组合越容易。Simonin(1999)认为知识的特征表现在知识的内隐性、专用性、复杂性等方面。知识的专用性衡量的是知识可以被应用的范围,可以被使用的灵活性(Arora et al.,1994;Guillou et al.,2009;Laursen et al.,2006)。Cowan 等人(2000)认为知识的内隐性会影响科技政策、技术创新以及经济增长。除了知识的内隐性,知识的多样性也是学者们非常关注的一个话题(Bruyaka,2008;Cohen et al.,1990;Duysters et al.,2011;Grebel,2013;Jiang et al.,2010;Parkhe,1991;Subramanian et al.,2017; van den Bergh,2008; Wuyts et al.,2014)。Grant(1996b)认为知识的多样性和知识的可沟通程度反映了知识的不同特征,分别对知识组合的范围和知识组合的灵活性产生影响。此外,知识之间的连接关系——

知识依赖度对创新的影响也有大量的探讨(Fleming et al.,2001,2004;Sorenson et al.,2006;Yayavaram et al.,2008)。知识熟悉度衡量的是发明者或组织主观上对知识的熟悉程度,会对创新绩效产生影响(Fleming,2001)。谢洪明和吴隆增(2006)认为知识的隐性程度、模块化程度、复杂程度和路径依赖程度会通过企业的知识组合能力影响创新绩效。谢洪明等人(2008)则重点关注知识的模块化程度、复杂化程度和路径依赖程度通过知识组合能力对企业技术创新的影响。申恩平和廖粲(2011)从知识的隐性程度、模块化程度、复杂程度和路径依赖程度四方面来分析知识特征对企业技术创新的影响。廖粲(2013)选取了知识显性程度、复杂程度、模块化程度以及知识的专有性四个方面来衡量知识的技术特征。本书重点摘取了创新研究中学者们涉及的知识特征的维度划分,如表 2.2 所示。

表 2.2 以往研究中涉及的知识特征的维度划分部分汇总

学者,年	知识特征包含维度
Nonaka et al.,1995	隐性、显性
Grant,1996b	内隐性、互补性、替代性、可沟通度
Simonin,1999	内隐性、专用性、复杂性
Williams et al.,1998	员工背景多样性
Cowan,et al.,2000	内隐性、可编码性
Fleming,2001	知识单元之间的熟悉度
Fleming et al.,2001	知识单元数量、知识单元间的依赖度
Sampson,2007	专利衡量的知识多样性
Yayavaram et al.,2008	知识的可分解度
Carnabuci et al.,2013	知识来源的多样性
Kaplan et al.,2015	知识来源的领域分布、知识熟悉度
谢洪明 等,2006	隐性程度、模块化程度、复杂程度和路径依赖程度
谢洪明 等,2008	模块化程度、复杂化程度和路径依赖程度
申恩平 等,2011	隐性程度、模块化程度、复杂程度和路径依赖程度
彭凯 等,2012	团队知识多样性
张妍,2014	研发伙伴知识多样性
刘灿辉 等,2016	员工多样性
张妍 等,2016	合作伙伴组织多样性和地理多样性

根据以往研究,知识特征主要可以归纳为三类:一类是以个体或组织层面的特征为反映,比如以员工背景来衡量的知识特征;另一类是指知识本身的特征,比如知识的缄默性、可编码度;第三类是反映了知识之间连接关系的特征。

Fleming 等人(2001)将适应度景观理论(fitness landscape theory)应用于技术的演化模型中,从演化视角研究技术的演进和更替。适应度景观理论由 Wright 于 1932 年首次提出,并被引入到生物基因的研究过程中。在 Wright 研究的基础上,1993 年 Kauffman 提出了 NK 模型。NK 模型是一个解决复杂问题的通用模型,简化后的 NK 模型主要包含两个参数:物种的基因总数 N 和基因间的互动程度 K,其中 K 是适应度景观模型的主要决定因素,适应度值的贡献取决于 K,K 最小取值为 0,最大取值为 $N-1$。将适应度景观理论和 NK 模型应用于知识组合的研究中,知识单元的丰富程度即为 N,知识单元之间的连接关系即为 K。因此,借助适应度景观理论和 NK 模型的思想,本研究将知识多样性和知识依赖度作为两个反映知识特征的维度。

此外,Fleming 等人认为发明者对知识的熟悉度会影响知识组合的行为从而会影响创新绩效。同时知识熟悉度反映了在知识组合中的路径依赖以及个体知识和组织知识的互动关系,因此本研究知识特征的第三个维度即知识熟悉度。同时知识多样性和知识依赖度反映了知识的空间分布特征,而知识熟悉度反映了知识的时间特征。本研究将针对这三个维度进一步展开讨论。

1. 知识多样性的基本概念

本研究将现有研究中关于知识多样性的概念根据研究层次进行划分:知识层面的多样性、个体层面的多样性和组织层面的多样性。

(1) 知识层面的多样性

Van den Bergh(2008)认为知识多样性应该包括三个维度:多样化(variety)、均衡(balance)、不一致性(disparity)。其中多样化是指不同知识的数量,均衡衡量的是一个或多个知识在总体中占据支配地位的程度,不一致衡量的是知识之间的差异化程度。Grebel(2013)认为知识多样性是指不同知识之间的相似程度,知识多样性程度越高,知识之间的相似度越低。Kaplan 等人(2015)认为知识多样性反映的是知识组合的宽度,即组合的知识来源的范围。如果知识来源的范围越宽,那么知识的多样性程度越高。并以专利的分类号来反映知识所在的技术领域,据此来计算知识多样性。

(2) 个体层面的多样性

赵云辉(2016)认为知识多样性即知识异质性,知识多样性与个体特征——学历等有关。魏钧等人(2014)认为知识多样性即知识异质性,是组织成员间个体差异的反映。彭凯等人(2012)认为对于一个企业而言,员工的个人特质、年龄、工作经验、专业背景等差异会为企业带来多样性的知识。总体来说,个体层面的知识多样性常通过一些个体特征来近似度量。这些特征可以划分为两类:一类是人口统计学特征,比如年龄、性别、种族、国籍等指标;另一类是认知特征,比如成员的教育背景、工作经验、专职技能等特征。

(3) 组织层面的多样性

组织层面的知识多样性的研究成果非常丰富。组织层面的概念关注不同组织之间知识的差异。总体来说,组织层面的知识多样性包括:组织类型多样性、技术多样性、国家多样性、产业多样性几个维度。Bruyaka(2008)以组织多样性来衡量不同组织之间的知识多样性,他根据不同企业在产业链所处的位置将企业划分为上游、中游和下游企业,以此来测度合作伙伴间知识的多样化程度。同样是测度组织多样性,Duysters 等人(2011)根据合作伙伴的性质将合作伙伴分为研究机构、高校、供应商、用户、经销商和政府机构等。Van Beers 等人(2014)也采取了类似的划分方法。Jiang 等人(2010)从所有权角度将组织划分为公有部门和私有部门,以此来衡量组织多样性。Rodan 等人(2004)认为组织间知识多样性是指不同组织之间以专利表征的技术的多样性。公司的专利在不同技术领域的分布是衡量技术多样性常用的做法(Phelps,2010;Sampson,2007;Wuyts et al.,2014)。Lin(2012)认为组织间知识多样性包括组织多样性和产业多样性两个维度。除此以外,还有学者通过判断合作者来源国家的差异来衡量知识多样性(Duysters et al.,2011;Lavie et al.,2008;Zhang et al.,2010)。朱亚萍(2014)认为,知识的多样性是指合作企业之间知识的差异化程度,具体来讲,通过衡量不同企业的专利在整个专利体系中不同领域分布的差异来度量。张妍(2014)以医药制造企业为例分析了研发伙伴多样性对创新绩效的影响,她指出研发伙伴多样性表现在两个方面:组织多样性和地理多样性。组织多样性是指研发伙伴组织类型的差异;地理多样性是指合作伙伴所在国家的差异。

知识多样性在文献中还有近似的词汇,比如知识距离、知识相似度。1986 年,Jaffe(1986)首次提出了技术距离的概念,他认为技术距离是不同的技术所处位置的差异。以专利数据为例,Jaffe认为技术距离衡量的是不同的专利在专利的分类体系中所处位置的距离,任一专利所处的位置是由专利的分类号来决定的。Cummings等人(2003)认为知识距离是指知识的传授者和知识的接受者两者拥有的知识的相似程度。Aldieri等人(2009)认为,企业的技术距离反映的是不同企业的专利在不同领域的分布情况的差异。

陈涛等人(2013)认为知识距离是组织间或者组织内部成员间、知识的提供方和知识的接收者之间所积累或者所拥有的知识的差异性和相似度。以大学和企业的协同创新为研究对象,刘志迎等人(2013)认为大学和企业的知识距离包括技术和地理距离两个方面。肖志雄(2014)认为知识距离应该包含知识的深度距离和知识的宽度距离两个维度。知识的宽度是指知识的多样性,而知识的深度反映的是知识的集中度和专业性。周密等人(2015)认为员工间的知识距离是指员工的知识储备、教育背景、工作经历等的差异。蒋楠等人(2016)认为知识距离衡量的是企业间知识或技术的相似程度,包括知识地理距离和知识技术距离。知识地理距离是指企业所在的地理位置造成的空间距离;而知识技术距离是指企业间知识和技术的差异。

本研究涉及的知识多样性是知识单元层面的概念,借鉴Xiao(2015)的定义,将知识多样性定义为不同知识单元在不同技术领域的分布。

2. 知识依赖度的基本概念

知识依赖度衡量的是知识单元之间的连接关系。Fleming等人(2001)是较早提出知识依赖度概念的学者。根据适应度景观理论,技术进步的过程是不同知识单元进行组合并从诸多组合中选择最优组合的过程。在适应度景观理论的基础上,Kauffman于1993年提出了NK模型,从生物进化的角度以演化的视角来研究技术进步。N衡量的是知识单元的丰富程度和多样性;K是指不同知识单元之间的互动关系。Fleming和Sorenson(2001)用知识依赖度来表示知识单元之间的依赖关系。他们将知识依赖度定义为:发明对某一知识单元的变化的敏感性,他们通过知识单元在以往的发明中被使用的次数来度量某个知识单元组合的依赖度。如果一个知识单元在过往的研究中被使用的次数很少,代表着该知识单元对特定的知识单元有很高的依赖度,与其他知识单元组合的难度很大,反之亦然。

在Fleming和Sorenson提出知识依赖度概念之前,Ulrich(1995)用耦合(coupling)一词来表达相同的意思。在Fleming和Sorenson合作的另外一篇文章中,他们也采用耦合一词来表达与依赖度相同的意思(Fleming et al.,2004)。Yayavaram 和 Ahuja(2008)认为耦合一词和依赖一词表达的是不同的概念,耦合是主观上的行为的结果,是组织或个人在知识活动中主观地将知识单元连接起来,是组织或个人决策的结果;而依赖度(interdependence)则是客观上由知识特性决定的知识单元之间的联系,不以人的意志为转移。之后他们又提出了可分解度(decomposibility)来衡量知识单元的可延展性,也就是说知识单元与其他知识进行组合的难易程度。Grant(1996b)认为可沟通性(communicability)是知识的内在特性,反映了知识可被编码、交换和组合的难易程度。我国学者高继平等人(2015)认为知识单元之间的内在联系,即知识关联可以分为隶属关联、共现关联、耦合关联、引用关联等。其中共现关联是指不同的知识单元共同出现在同一个技术领域或者同一个专利文献中。刘征驰等人(2015)将知识的关联关系分为三类:替代性、累加性和互补性。替代性是指知识单元之间具有类似的功能,可以相互替代;互补性是指知识之间存在强烈的相互依赖关系,互补性知识只有组合在一起才能发挥其功能;既没有替代关系,又没有互补性的知识之间的关联关系为累加关系。刘征驰等人的互补性概念与本研究中知识依赖度的概念接近。

虽然学者们采用不同的词汇来表征知识单元之间的内在联系,但值得肯定的一点是,知识单元间的内在联系是研究知识连接、知识组合不可忽视的重要因素。本书中,统一使用知识依赖度来指代知识单元之间的连接关系。本书将知识单元的依赖度定义为一个知识单元在知识组合中的灵活性和可延展性,如果一个知识单元能够与越多的其他知识单元进行知识组合,代表该知识单元的可延展性越高,知识依赖度越低。

3. 知识熟悉度的基本概念

战略和创新领域关于知识熟悉度的研究并不多见,且大多集中在组织层面。比如,Zollo 等人(2002)认为将组织间熟悉度定义为特定组织合作的次数和经验,如果组织间合作的经验越丰富,意味着对彼此的熟悉程度越高。同样地,Zheng 和 Yang(2015)探讨了组织间合作的熟悉度对创新绩效的影响,他们将组织层面的熟悉度定义为与特定合作者反复合作的频率。合作次数越多,对该组织的熟悉度越高。组织层面的熟悉度包含的内容非常广泛,包括对合作者的技术知识、组织类型、行为方式等的熟悉。

Argote 等人(1990)认为知识是会随着时间被遗忘的,知识获得的时间越近,知识的熟悉度越高。Fleming(2001)在知识层面上,关注发明者对特定知识的熟悉程度对知识组合的影响。他认为知识熟悉度的概念应该包含两层含义:①发明者最后一次使用知识的时间越近,对知识的熟悉度程度越高(时间维度);②发明者对某一知识的使用次数越多,对知识的熟悉程度越高(经验)。与Fleming(2001)类似,Kaplan等人(2015)也认为可以通过使用次数和最近一次使用的时间两个维度来反映知识的熟悉度。他们在文章中对知识熟悉度进行定义时均采用了如下表述:

“More recent and frequent usage therefore implies greater knowledge and familiarity”(Fleming,2001).

“Familiarity of components is inferred from how frequently and recently a focal patent's subclasses have been used previously by other researchers”(Kaplan et al.,2015).

总体来说,知识熟悉度的概念是基于组织学习理论而产生的。无论是知识层面还是组织层面的熟悉度,均可以通过组织学习获得。因为本研究是知识层面的研究,因此借鉴Fleming(2001)对知识熟悉度的定义。

2.2 知识组合相关研究梳理

根据知识基础观,企业的角色在于知识获取、处理、存储和知识的应用(Levitt et al.,1988;Starbuck,1992)。Kogut等人(1992)认为企业存在的重要原因是进行知识组合,一个企业进行知识组合的能力对该企业的绩效有正向促进作用。Grant(1996b)认为企业的能力本质上就是知识组合的能力,同时企业的知识活动主要包括两个方面:其一,通过战略联盟等方式从外部获取知识;其二,对内外部的知识进行组合创造出新的知识。关于知识获取已经存在非常丰富的研究成果,比如Huber等人认为知识获取即获取知识的过程(Huber,1991;Molina-Morales et al.,2014),是从大量、杂乱的数据中发掘有用的知识(Lyles et al.,1996;Li et al.,2014)。知识获取的目标是从外部环境中获得内部缺少的知识(Birasnav,2014),为企业的知识创造和创新活动提供必备的要素条件。且学者们对知识获取的前因变量进行了研究。吕兴群(2016)关注领导风格对知识获取的影响。

Lyles 等人(1996)研究了跨国合资企业的一些特征对子公司从母公司获取知识的影响。Mowery 等人(1996)关注战略联盟的企业间知识多样性对企业间知识获取和知识转移的影响。

根据知识基础观,零散的、未被加工过的知识是不产生价值的,企业内部或者从外部获取的知识只有通过知识组合过程才能真正转化为企业的核心竞争力。本节将针对知识组合的基本概念、知识组合的分类、知识组合与创新的关系进行文献回顾和评述。

2.2.1 知识组合的基本概念

(1) 国外学者对知识组合的概念界定

熊彼特之后,对知识组合理论有较早发展的当属 Kogut 和 Zander 了。从探讨企业为什么存在这一议题出发,Kogut 和 Zander(1992)指出企业存在的其中一个原因就是进行知识组合,企业的这一功能是市场所不具备的。他们首次引入了组合能力的概念,组合能力反映了一个企业开发、利用现有的知识创造新的技术机会的能力,那些组合能力较高的企业往往会有更好的市场表现。在 Nonaka 等人(1995)的知识创造的 SECI 模型中,他认为知识组合是知识转换过程的其中一个环节(其余三个环节为知识社会化、知识外部化、知识内部化),知识是在显性知识和隐性知识的不断转换中产生的,而知识组合是将不同个体持有的显性知识通过电话、会议等媒介进行交换、组合从而形成新的显性知识的过程。虽然 Nonaka 的 SECI 模型在知识管理领域被广泛接受,但是他对知识组合概念的理解却被认为是模糊的,无论是从基本原理还是举例分析上,知识组合的概念都没有被阐述清楚(Gourlay,2006)。

国外学者对知识组合的研究从 20 世纪 90 年代开始,他们对知识组合的理解可以归纳为四类:知识管理视角、问题解决视角、能力视角和知识连接视角。知识管理视角的学者大多追随 Nonaka 的研究思路,将知识组合看作知识管理的其中一个环节,是隐性知识和显性知识、个体知识和组织知识相互作用的结果。Inkpen 等人(1998)将知识组合定义为知识连接,即将个体的知识通过正式或者非正式的方式连接起来,形成组织知识的过程。问题解决视角的学者如 Galunic 等人(1998)认为知识组合是利用企业现有知识解决企业所面临的问题的过程。他们认为新颖的组合可以为企业带来超额的利益,这种新颖组合是通过改变现有知识、资源的连接方式来实现的。并且他们提出了知识组合边界的概念,进行组合的知识所跨越的边界越宽,组合的创造性破坏程度也会增加。他们将知识组合分为三类:现有知识的开发、现有知识的重组以及跨领域的知识重组,并归纳了三种知识组合的新颖程度以及组合发生的可能性的差异。这里的能力是一个比较宽泛的概念,可以被看作不同业务领域。比如佳能的能力领域可以划分为光学、精密器械、电子产品以及精细化工,每个能力领域都包括一系列的生产要素、信息、know-how 等资源。第一种类型的重组是指现有能力在另一种情境(比如新的市场)的再次开发利用,这种类型的组合是通过现有的能力与新的技术机会的匹配而实现的;第二种是单一能力范围内的重组,即同一个能力领域内资源的重新组合;第三种即两种能力领域间的组合,相较于第二种知识组合,由于组织结构和吸收能力的阻碍,该类组合发生的可能性相对较低,但是这种知识组合活动中知识搜索的范围大,产生的成果的新颖度往往较高。

能力视角的学者如 De Boer 等人(1999)认为知识组合本质是三种能力的综合:系统化能力、社会化能力和协调能力。知识连接视角的学者以 Fleming 和 Sorenson 为代表。Fleming 认为知识组合的过程是不同知识之间形成连接关系或者连接关系改变的过程,并且通过实证分析检验了知识单元的熟悉度对组合的不确定性和发明的有用性的影响(Fleming,2001)。同时,根据知识单元之间的连接关系,将知识组合划分为新组合的产生和旧组合的强化。新组合的产生指的是知识单元之间在此之前并不存在连接关系;旧组合的强化是指知识单元之间的组合已经存在,是知识单元之间的组合方式发生了变化。Carnabuci 等人(2013)提出了两种类型的知识组合,一类是重组性创造;另一类是重组性再使用。重组性创造是指将以往没有连接、未组合过的知识进行组合;重组性再使用是将以往已经形成的组合再次进行开发、利用。重组性创造将会增加知识和技术的多样性,会扩大企业现有的能力,而重组性再使用是基于现有知识、技术组合的深度挖掘,是一种能力深化的过程。Xiao(2015)认为知识重组来源于知识组件的改变和组件间连接方式的改变,并据此提出三种类型的知识组合:①知识组件的增加;②知识组件的减少;③知识组件连接方式的改变。随着理论的不断发展,知识组合的概念也越来越清晰。表 2.3 归纳了国外文献中知识组合的主要定义,从 Nonaka 到 Carnabuci,知识组合的概念不断细化且聚焦。

表 2.3 现有研究中知识组合的相关定义(国外部分)

作者,年	定义
Kogut et al.,1992	知识(重新)组合是对现有的知识单元的再设计,从而开发新产品的过程
Nonaka et al.,1995	知识组合的过程是将多样化的显性知识进行融合从而形成复杂的、系统的显性知识的过程
Nahapiet et al.,1998	知识组合可能发生在隐性知识和显性知识的任意组合之间,可以是隐性和显性知识的组合,可以是隐性和隐性知识的组合,也可以是显性和显性知识的组合。组合可能发生在从未进行连接的知识模块之间,也可能是已经组合的知识模块的连接方式的改变
Yli-Renko et al.,2001	新组合的产生就是在现有的知识间建立新的联系
Fleming,2001	知识组合通常发生在重要的、有相似性的知识单元之间,且发生组合的知识单元在此之前可以是彼此独立的,也可以是已经组合的知识单元连接方式发生改变
Schoenmakers et al.,2010	知识组合包括:①将未曾连接的知识建立新的组合;②已经组合的知识模块之间建立新的组合
Phelps,2010	知识组合可以是现有的知识、问题(problem)和解决方案(solutions)的新组合,也可以是已经组合的知识元素的重新配置
Makri et al.,2010	知识组合可以是知识单元之间的首次新组合,也可以是已经组合的知识单元组合方式的变化。在此过程中需要两种类型的知识:科学知识和技术知识,科学知识是那些与知识单元、核心概念相关的知识,而技术知识是关于知识单元连接方式的知识
Carnabuci et al.,2013	知识组合可以分为重组性创造和重组性再使用。重组性创造是将未曾连接的知识单元组合起来形成新的组合,重组性再使用是将已经存在的组合应用于新的技术机会和市场,是对现有组合的再次开发利用
Feller et al.,2013	知识组合是将多样性的显性知识组合从而形成更加复杂和系统的显性知识的过程。组合的过程包括三个子过程:①(从组织内/外部)获取知识并将知识进行组合;②新知识的传播;③将组合后的知识进行编辑和处理从而形成计划、报告、文件或者电子文档

注:本表格由作者根据文献整理。

(2) 国内学者对知识组合的概念界定

我国学者对知识组合的研究相对较晚,主要从2000年之后开始,且我国学者对知识组合的认识整体上比较笼统，且常将知识组合与知识整合等同使用。任皓和邓三鸿(2002)指出知识组合是一个复杂的过程，涉及各种知识以及知识间的动态关系。同时将知识整合分为形式整合、分类整合、立体整合、用途整合四类。陈力和鲁若愚(2003)认为知识组合是一个将企业内部的知识重新梳理、并将员工和组织的知识有机融合形成系统的知识体系的动态过程。从能力的角度，沈群红和封凯栋(2002)认为知识组合是对组织内部、组织外部的知识进行识别、利用，使得不同主体的知识进行互动继而产生新知识的能力。同样是从能力的角度，张宵萍(2013)认为知识组合的能力应该包括系统化能力、协作化能力和社会化能力三方面。简兆权等人(2008)认为一个企业的知识整合能力表现为该企业运用现有知识以及所获取外部知识的能力，这种能力不仅是对资料库等工具运用的能力，更重要的是人员之间沟通、协调，以及具备的共同知识。谢洪明、吴溯等人(2008)认为社会化能力和合作能力是企业知识整合能力的主要组成因素。周建其(2006)、陈静(2010)认为知识组合是将不同类型、不同形态甚至是不同结构体系的知识进行组合从而将零散的知识形成系统化的知识的过程。简兆权和孙占福(2009)认为知识整合就是将分散的知识整合成系统性的知识，或是将知识内化到组织系统中。从组织学习的视角，陈文春等人(2009)认为知识整合是指利用已有知识创造新知识的过程，知识整合包括外部知识获取能力以及对内外部知识进行组合创新的能力。孙彪等人(2012)认为知识组合是在组织内部通过有关机制将以个人或者团队为载体的零散的知识组合起来形成系统性的知识，从而为技术、服务或组织创新奠定基础的过程。此外，他们还指出知识组合的机制是实现知识组合的有力保证，这些机制包括一些规章制度、信息系统等。虽然我国学者对知识组合内容的理解非常丰富，从知识组合的机制、知识组合的能力等都有理论和实证研究，但是主要停留在企业层次，缺乏对知识组合的微观层次的分析。表 2.4 为国内学者对知识组合的定义。

表 2.4　国内学者对知识组合的定义

作者，年	定义
任皓 等，2002	知识整合是通过科学的方法将不同层次、不同来源、不同内容和结构的知识进行集成，从而形成新的知识体系的过程。知识整合的过程实际上是创新的过程
杜静，2003	知识整合是指将来源不同、载体不同、内容不同、形式和形态也不同的知识，通过新的排列组合、交叉从而创造新知识的过程。知识整合的主体是人

续表

作者,年	定义
陈力 等,2003	知识整合是指将企业中员工、组织的知识有机地融合起来,形成具有较强的柔性、系统性和条理性的新的知识体系,是对企业原有知识体系的重构
简兆权 等,2008	知识整合是将个别知识系统化,或者是将组织知识内化嵌入到员工的心智系统的过程
简兆权 等,2009	知识整合就是将个体的知识系统化,或者是集体的知识转化为个体知识的过程
孙彪 等,2012	知识整合就是通过某种机制将组织内部个体或团队的零散的知识集成,从而形成系统的知识的过程
魏江 等,2014	为实现企业能力提升与创新,对来自本地、外地知识网络中不同主体、内容、形态的知识进行获取、解构、融合与重构的动态循环过程

注:1. 本表格由作者根据文献整理。

2. 我国学者常用“知识整合”代替“知识组合”,因此本研究中不对两者予以区分。

总体来看,关于知识组合的概念界定在学术界尚且没有形成广泛的共识,本书将国内外学者对知识组合的概念界定划分为两类:自上而下的概念界定方法和自下而上的概念界定方法。自上而下的概念界定是指从团队、组织甚至更高的层次出发,对知识组合的概念进行界定,由团队、组织层次的知识活动来分析知识组合的本质;而自下而上的概念界定方法是从知识层次、从分析知识的基本特征来研究知识组合的发生机制,是通过本质来解释现象。

本书定位于知识层面的研究,是从知识的层面,以知识结构中最基本的单位为分析对象,对知识组合进行研究。

2.2.2　知识组合的分类

(1) 国外学者对知识组合的分类

Galunic 等人(1998)根据知识组合的宽度进行分类。这里所说的宽度是指知识来源的领域的差异。他们将知识组合分为三类:本领域内知识的应用、本领域内知识的重新组合、跨领域的知识组合。本领域内知识的应用是指利用现有的知识和能力来解决经营过程中的问题;本领域内知识的新组合是指将组织内部的知识组合起来,形成新的知识或者新组合;跨领域的知识组合是将不同领域或组织的知识组合起来，提升现有能力的过程。Fleming(2001)认为知识组合的过程是知识单元之间形成连接及连接关系改变的过程。根据知识单元之间的连接关系，将知识组合划分为新组合的产生和旧组合的强化。新组合的产生是指不存在连接关系的知识单元组合起来形成新的连接关系；旧组合的强化是指特定知识单元之间的连接关系已经存在，发明活动是基于已经存在的连接关系的改善和提高。Carnabuci 等人(2013)将知识组合分为重组性创造和重组性再使用，他们的这种分类方法类似于 Fleming 的分类方法，即通过判断连接关系是否已经存在来分类。Xiao(2015)不仅关注知识单元之间的连接关系，同时关注知识单元的内容改变，依据连接关系的改变和内容的改变，她认为至少存在三种类型的知识组合：知识单元增加的组合、知识单元内容不变但连接关系改变的组合、知识单元减少的组合。举例说明，一个发明 i 是基于知识单元 ABCD 的组合而产生的，在此之后出现的发明 j(ABCDE)、k(ABC)、l(ABCD)。那么发明 j 是在发明 i 的基础上增加了新的知识，组合是因为新知识的增加而产生的；发明 k 是在发明 i 的基础上减少了知识，这种知识减少会带来 ABC 知识连接方式的改变，故而也是形成了新的组合；与发明 i 相比，发明 l 的知识内容不变，之所以产生是因为改变了 ABCD 之间的连接方式。Strumsky 等人(2015)根据知识的新旧将知识组合分为四类：原始组合、新颖知识组合、一般知识组合、组合强化。其中，原始组合是指进行组合的知识全部是新出现的知识，所有知识的连接关系都是在该组合中首次形成的。新颖知识组合是指至少有一个知识单元的连接是首次出现的。一般知识组合是指所有的知识都是固有知识，但是某些知识单元在此之前并不存在连接关系，该组合首次将它们连接起来。组合强化是指所有的知识都是旧有知识，且所有知识单元的两两组合关系在此之前都已经出现，该组合是在已有组合基础上的一次再使用、强化。本书总结了 Strumsky 等人的四种组合类型并归纳了四种组合类型的主要指标的高低。

(2) 国内学者对知识组合的分类

国内学者大多从组织甚至更高层次对知识组合进行分类。比如任皓等人(2002)认为知识组合可以分为形式组合、分类组合、立体组合和用途组合。杜静(2003)分别根据知识的来源、知识间的相关性以及知识的用途对知识整合进行不同的分类。其中，根据知识的来源，知识整合可以划分为内生型知识整合和外生型知识整合；根据知识的用途可以划分为消化型知识整合、适应型知识整合、解决型知识整合、演进型知识整合以及再造型知识整合;根据知识间的相关性来分,知识整合可以划分为横向知识整合、纵向知识整合以及交叉知识整合三类。吴俊杰等人(2013)认为知识组合能力包括知识的内部组合能力和外部组合能力。魏江等人(2014)根据知识的互补性特征将知识组合过程划分为辅助型知识组合与互补型知识组合两类。其中,辅助型知识组合是指与通过将企业现有知识与外部类似知识进行组合,这种知识组合的目的是为了降低成本或提高效率;而互补型知识组合是指通过将企业现有知识与外部互补性知识进行组合以此来提升企业能力或获取长期绩效,这种组合的风险性较高。整体来说,我国学者对知识组合无论是从概念界定还是类别划分上都比较宏观和笼统。

Henderson 等人(1990)将知识组合过程中的知识分为架构知识和元件知识。Makri 等人(2010)认为知识组合过程涉及的知识可以分为两类:科学知识和技术知识。科学知识是关于知识单元的内容的知识,而技术知识是关于知识单元之间的连接关系的知识。根据这种知识的分类方法,结合学者们对知识组合的分类,本书将知识组合分为探索式的知识组合和开发式的知识组合。其中探索式的知识组合是指在已有知识的基础上进行新的探索,增加新的知识单元而进行新知识和旧知识的组合;开发式的知识组合是指在已有知识的基础上进行知识的再次利用,组合发生在已有的知识间。

2.2.3 知识组合与创新的关系

关于知识组合与创新的关系,以往文献并没有对此进行专门的分析。根据以往的研究可以将两者的关系归纳为两类。

一类是以 Fleming 等人为代表的创新领域的学者,他们认为创新的过程就是知识组合的过程(Carnabuci et al.,2013;Fleming,2001,2002;Fleming et al.,2001,2004;Sorenson et al.,2006;Strumsky et al.,2015;Strumsky et al.,2012)。持该观点的学者普遍认为,创新活动本质上是现有知识、技术、资源或新知识、新技术、新资源之间形成新组合或者是改变已有组合的连接方式来解决企业面临的问题的过程。换句话说,从创新角度理解,知识组合是一种过程,是要素间形成组合或者组合方式改变的过程,即将创新过程与知识组合的过程画等号。

第二类是以 Nonaka 为代表的知识管理领域的学者,他们认为知识组合本质上是知识创造过程的其中一个环节(Nonaka et al.,1996;Nonaka,1994;Nonaka et al.,1995)。根据 Nonaka 的观点,知识创造的过程包括四个环节:社会化过程、外部化过程、组合过程以及内部化过程,如图 2.1 所示。这四个过程是根据知识的内隐性特征划分的。具体来说,社会化是从将个人隐性知识转化为组织的隐性知识的过程;外部化是组织层面的隐性知识转化为组织层面显性知识的过程;组合是将组织的显性知识转化为个人显性知识的过程;内部化是将个人显性知识转化为个人隐性知识的过程。Shu 等人(2012)认为知识交换是知识组合的先决条件,知识组合在知识交换和产品(工艺)创新中发挥中介作用。谢洪明和葛志良等人(2008)认为知识整合是知识获取的后续结果,是知识管理的其中一个环节。因此,从知识管理的角度来讲,知识组合过程是创新过程的其中一个环节。

本研究承袭创新领域学者对知识组合与创新之间关系的观点,认为创新的过程就是知识组合的过程,通过知识组合的视角来对创新的过程进行解构,从而将创新过程的黑箱打开,分析创新过程的发生机制。

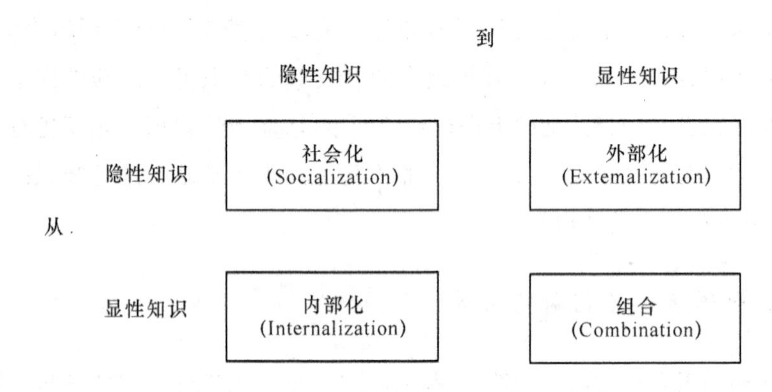

图 2.1 SECI 知识创造模型(Nonaka,1994;Nonaka et al.,1995)

此外,创新绩效通常有三种表现形式:新产品(Clark et al.,1991;Wheelwright et al.,1992)、新知识(Henderson et al.,1994;Henderson et al.,1990)、新能力(Grant,1996b;Kogut et al.,1992)。因此,在实际研究中,关于知识组合与创新的关系是探索知识组合与新产品开发的关系、知识组合与新知识创造的关系以及知识组合与组织能力的关系。新知识和新能力是比较抽象的产出,因此研究中学者们通常以专利、文章或者著作来代表新知识。

综上所述,本书认为知识组合和创新的关系表现在两个方面:①从过程视角,创新的过程就是知识组合的过程;②从结果视角,知识组合的结果表现为开发新产品、创造新知识和新能力。

2.3 知识特征对创新的影响研究

从知识基础观视角,学者们通常遵循“结构→绩效”的逻辑对知识特征和创新的关系进行深入的探讨。本节接下来将分别回顾知识多样性、知识依赖度和知识熟悉度对创新的影响的研究。

2.3.1 知识多样性对创新的影响

Grant(1996b)认为知识来源的范围越广泛,知识的多样化(即多样性,不同文献中有这两种说法,本研究不予区分)程度越高,共性知识越少,知识组合的效率越低。Ahuja 等人(2001)认为知识的多样性和发明的新颖性之间的关系是倒 U 形的。知识来源的领域越多,知识的多样化程度越高,多样化程度达到一定的水平,会导致规模不经济从而抑制知识组合的新颖性。多样性是以牺牲效率为代价的,Van den Bergh(2008)认为,虽然短期来讲多样性意味着无效,但是长期来看多样性意味着多种可选方案和持续的知识组合,会带来长远的收益。同时 Van den Bergh 也指出多样性并非越大越好,当多样性程度达到某一个水平的时候是最优的,在该多样性水平下能够实现收益和创新的双赢。企业的外部合作是企业获取多样性知识的另外一个重要的途径,可以促进新的知识组合的产生。同样地,Laursen(2012) 也肯定了多样性的知识资源对产生新颖性组合的重要性,但是他认为知识的多样性程度并非越高越好,过高或者过低的多样性程度对知识的组合都是有害的。Becker 等人(2004)指出合作伙伴的多样性对创新有正向的促进作用。合作伙伴多样性增加,企业可获得的知识的多样性程度增加,因此知识组合的可能性也会增加。但是从另一方面来讲,合作伙伴的多样性增加会提高投机主义发生的概率。Phelps(2010)认为,随着知识多样性程度的提高,知识组合发生的可能性增加,但是过高的知识多样性会损害企业识别和利用知识进行组合的能力,从而限制知识组合的发生。因此,Phelps(2010)提出了知识多样性和探索式创新的倒 U 形关系,并以全球电信设备产业为例进行假设检验,实证分析结果表明知识多样性对探索式创新有显著的正向促进作用,倒 U 形关系没有得到支持。Gilsing 等人(2008)认为随着知识距离的增加,对组合的新颖性和企业的吸收能力的影响方向是完全相反的，即随着知识距离的增加，企业的吸收能力是不断下降的，但是组合的新颖性程度是不断增加的。这是因为随着知识距离的增加，资源之间可以互补，从而增加了新颖性组合发生的概率。但从另一方面来讲，过大的知识距离又会带来沟通和理解的困难，从而限制了对知识的理解和使用。因此，总体来说，Gilsing 等人(2008)认为知识距离与创新绩效之间的关系应该是倒 U 形的，并通过实证分析验证了这一理论假设。

一些学者从知识距离和知识相似度的角度探讨了知识多样性对创新的影响。归纳起来，知识之间的相似度越高，即共性知识越多，共性知识的存在使得对知识的吸收能力提高从而使得知识组合变得更加容易，尤其当知识组合发生在不同的组织之间的时候，知识相似度越高，知识的组合就会变得越容易(Ahuja et al.，2001；Enkel et al.，2014；Feller et al.，2013；Grant，1996a；Hedlund，1994；Lodh et al.，2014；Makri et al.，2010；Sears et al.，2014)。但是从另一方面来讲，知识相似度越高意味着知识的冗余越多，对产生新知识的贡献就会越小，因此以往的研究中一个比较一致的结论是知识的相似度和知识组合的新颖性之间有倒 U 形关系(Ahuja et al.，2001；Enkel et al.，2014；Fang，2011；Kotha et al.，2013；Lin et al.，2012；Nooteboom，1999；Petruzzelli，2011)。知识距离对创新的影响也表现在两个方面：一方面，知识距离的存在诱发了新颖性组合的产生，另一方面知识距离会使得知识的交换成本增加从而会阻碍知识的组合(Galunic et al.，1998；Kotha et al.，2013；Li et al.，2009)，因此学者们也提出了知识距离和知识组合之间的倒 U 形关系(Gilsing et al.，2008；Zhang et al.，2010)。随着知识距离的增加，知识的异质性程度升高，产生新颖性组合的可能性增加，但是当知识距离超过某一点之后，吸收能力将会降低成为阻碍知识组合的瓶颈。Sidhu 等人(2007)指出，随着地理距离的增加，知识之间的差异性会越大，这种差异性将会有利于新颖组合的产生。与之相反，有的学者认为知识距离的增加将会使得知识的交换和沟通成本大大增加，这对于知识的组合是十分不利的，因此知识的地理距离和组合之间应该是负相关的关系(Feller et al.，2013；Galunic et al.，1998)。

我国学者关于知识多样性与创新之间关系的研究也非常丰富。张妍(2014)将知识的多样性分为组织多样性和距离多样性。组织多样性衡量的是一个企业合作者数量的多少，距离多样性衡量的是不同合作者的地理分布。在此基础上，张妍等人(2016)提出了知识多样性有助于企业打破固有的“思维定势”，形成新的理念,形成其他企业难以模仿的竞争力,最终会对企业的创新绩效有积极的影响。

我国学者彭凯等人(2012)认为知识多样性对创新的影响表现在两个方面:一方面,知识多样性增加意味着创新的基本要素——知识和经验得到满足;另一方面,多样化的知识会带来知识组合过程的成本和难度的增加。两方面因素共同决定创新绩效。朱亚萍(2014)认为研发网络中合作者之间知识的差异性会影响企业的创新绩效。具体来看,合作者之间知识差异越大,即知识多样性越高,意味着企业能够从多样化的研发网络中获取更加新颖的知识资源,根据排列组合的思想,会增加知识组合的可能性。从组织惯例角度来讲,多样化的知识意味着企业需要改变现有的惯例,增加新的投入从而进行新知识的学习,还会带来因信息过载产生困扰和规模不经济的问题。项丽瑶(2016)探讨了知识多样性对创新的数量和质量的影响。一方面,随着知识种类的增加,知识组合从数量上来讲有更多的可能性;另一方面,知识的异质性水平越高,资源之间的距离越大,从质量上来讲知识组合的结果会更具有新颖性和创造性。但是当多样性超过一定界限时,会因为有限理性而导致知识组合的成本和潜在的风险增加,因此她提出了知识多样性与组合的数量和质量之间分别存在倒 U 形的关系。检验结果表明知识多样性与知识组合的数量之间的倒 U 形关系成立,而知识多样性与知识组合的质量之间的正相关关系得到验证。赵云辉(2016)也指出了当知识多样性程度过高的时候,会因为信息过载导致知识的使用和吸收成本增加和规模不经济,从而提出了知识多样性和知识整合之间的倒 U 形关系。

此外,在以知识距离度量知识多样性的研究中,知识距离增加一方面会降低知识间的共性,从而降低吸收能力;另一方面会带来新颖的组合,从而对创新产生正向促进作用。刘志迎等人(2013)以大学和企业的协同创新为例,探索了技术距离和地理距离对创新绩效的影响。实证检验结果表明,随着企业和高校技术距离的增加,合作伙伴之间的知识可以实现互补,有利于知识组合,创新效率提高,所以以联合申请的专利数量衡量的创新绩效越好,技术距离与创新绩效之间呈正相关关系;实证检验结果还表明当大学和企业的地理位置越接近的时候,越有利于知识资源的组合,创新效率越高。蒋楠等人(2016)认为知识距离衡量的是企业间知识或技术的相似程度。技术距离越小,对知识的吸收能力越高,知识的黏性会降低,共有的知识越多,对企业之间的知识共创产生正向的影响。

归纳已有文献,可以发现知识多样性对创新同时有正面和负面的影响。正面的影响表现为提供新颖的知识,组合的可能性增加,产生新颖组合的可能性增加。负面的影响在于知识多样化程度高,会因为信息过载而带来困扰,加之发明者认知能力的限制,反而会产生负面的影响。

2.3.2 知识依赖度对创新的影响

虽然知识依赖度影响创新的研究不够丰富,但是许多学者都有探讨知识单元之间的依赖关系会对创新过程产生影响。Grant(1996b)用知识单元之间的可沟通度来衡量知识单元的易组合程度,知识单元的可沟通度越高,与其他知识单元进行组合越容易。同时如果知识单元的可沟通度越高,意味着知识组合的柔性越大,越容易产生新知识或机会。Kauffman(1993)认为随着知识之间依赖关系的增加,知识的协同效应会使知识组合成功的可能性增加;同时也会减少新颖的知识组合产生的概率。Fleming 等人(2004)认为某个知识对其他知识的依赖程度越高,意味着该知识与其他知识进行组合的难度越大。换句话说,知识 A 对知识 B 的依赖度高意味着知识 A 与知识 B 之外的其他知识进行组合的难度大。因此,Fleming 等人(2001)认为只有当知识之间的依赖关系处于一个比较适中的水平时,发明的有用性程度会最大,也就是说知识间的依赖关系与发明的有用性之间存在倒 U 形关系。随着知识单元间依赖程度的增加,组合的容易程度会增加;但是知识之间的依赖关系增加又会导致知识组合的难度和不确定性的增加(Baldwin et al.,2000;Fleming et al.,2001)。Yayavaram 等人(2008)认为知识的可分解度和知识组合的有用性之间的关系应该是倒 U 形的。当知识完全不可分解的时候,意味着知识单元完全捆绑在一起,知识搜索的复杂度非常高,搜索的效率非常低,当加入其他知识或者与其他知识建立新连接时,难度非常大。当知识完全可分解的时候,知识之间的联系比较松散,吸收能力的缺乏将导致这些知识的组合难度非常高。因此,知识的可分解度和发明的有用性之间存在倒 U 形关系。栾春娟(2012)认为,如果一个知识单元可以与多个知识单元的共现次数越多,代表着该知识对越多领域产生影响。换句话说,如果与一个专利的分类号共现的分类号越多,意味着该分类号在越多的领域可以被应用,那么未来该专利被引用的可能性越高。朱亚萍(2014)认为知识的专门化程度越高,越容易陷入路径依赖陷阱,进行外地创新搜索的可能性降低,限制了探索式创新。

因此,知识单元间的依赖关系客观上反映了知识单元之间的内在联系;主观上反映了组织和个人的经验。知识单元之间的依赖度越高,意味着共性知识越多,同时会带来组织惯例或者个人思维方式的固化。知识依赖度对创新的影响主要通过以上两种机制相互作用。

2.3.3 知识熟悉度对创新的影响

Dewar 等人(1986)认为发明者对知识的熟悉度会影响对创新新颖性的判断。Zollo 等人(2002)认为组织层面的熟悉度会通过影响组织惯例从而对绩效产生影响。熟悉意味着信任,会对组织间的沟通和协调有正向的促进作用,从而有利于联盟合作中新知识或新机会的产生。Ahuja 等人(2001)认为熟悉的知识通常是成熟的知识,是那些已经存在且广为了解的知识。当发明者对知识完全不熟悉的时候,发明者的认知能力会受到挑战,会阻碍突破式发明的出现;反过来,当发明者对知识非常熟悉的时候,会导致陷入熟悉陷阱,将知识的应用限定在有限的范围内而降低了知识组合的潜力和可能性。Ahuja 等人(2001)提出了组织的三种陷阱,其中一个陷阱就是熟悉陷阱。Tzabbar 等人(2013)认为在联盟合作中,如果对合作者的知识熟悉度较高,意味着他们有能力对知识进行利用以及创造新的知识;反过来,如果对合作者的知识比较陌生,意味着投机行为的风险增加,知识组合的不确定性相应也会提高。因此,知识熟悉度一方面会提高知识整合的速率,巩固企业现有的技术和能力;另一方面会限制企业进行探索式的创新,可能使企业陷入路径依赖而错失开辟新的技术路径的机会。Kaplan 等人(2015)认为对知识越熟悉意味着对知识有更加深刻的理解和认识,而这种深刻的理解和认识是利用知识进行突破式创新的必要条件。Fleming(2001)认为,发明者对知识的熟悉度一方面与知识出现的时间有关,另一方面与知识被反复利用的次数有关。如果知识出现的时间与发明者从事知识组合活动的时间比较近,发明者对该知识的熟悉度会比较高;如果知识出现的时间距离发明者从事知识组合活动的时间比较长,但是该知识在以往的组合活动中被反复利用,发明者可以从中学习关于该知识和该知识应用的经验,以此来提高对该知识的熟悉度。同时,他认为知识的熟悉度与发明的有用性之间是正相关的关系,且知识的熟悉度可以降低发明过程中的不确定性。如果发明者对知识的熟悉度高,那么发明的新颖性和有用性不会出现极端值。Zheng 等人(2015)从组织层面上探讨了合作伙伴间的熟悉度对创新的影响。他们认为合作伙伴间的熟悉度越高,越有利于组织间的协调和沟通。但是如果合作者间的熟悉度超过某一范围,合作会变得僵化,对创新产生负面的影响。他们搜集了美国生物制药行业公开上市的企业数据,通过负二项回归检验了合作者之间熟悉度对企业突破式专利数量的影响,结果表明知识熟悉度对突破式专利的产生有倒U形的关系。Xiao(2015)认为发明者对知识的熟悉度越高,发明的价值相应越大。如果发明者对知识的熟悉度较高,也就意味着该发明者对知识的特性、知识的用途等都比较了解,那么这时候产生的知识组合基本上不可能是完全没有用的,也就是说发明者对自己较为熟悉的知识进行组合的不确定性较低。

2.4 组织惯例和路径依赖

除了对本研究的核心概念——知识、知识组合、创新绩效的概念和研究现状进行回顾之外,本节将针对组织惯例和路径依赖进行简要的文献回顾。这是因为惯例和路径依赖反映在各个层次的活动中,从知识特征来讲,知识是具有路径依赖性的,个人的思维具有路径依赖性,且组织也是具有路径依赖性的。此外,路径依赖对本研究中知识特征影响知识组合和创新绩效有非常重要的解释作用。因此,本节对组织惯例和路径依赖理论进行简要的回顾。

组织惯例的概念由Stene(1940)提出。Winter和Nelson(1982)等演化经济学领域的学者对该理论进行了发展和丰富,他们认为组织惯例是组织一系列行为模式的总和。组织惯例渗透组织的各个方面,包括组织的结构、技术知识、战略规划和企业文化等(Levitt et al.,1988)。Grant(1996a)在探讨知识对企业动态能力的影响中提到组织惯例,他认为组织惯例提供了一种沟通机制,这种机制与知识的形式无关,是组织在以往多次的知识组合活动中形成的。March和Simon(1958)认为组织惯例是组织对于外部刺激的特定的反应模式。Cohen等人(1996)将组织惯例定义为一种重复的行为模式。Zollo等人(2002)将企业间合作的组织惯例定义为企业间在反复合作中形成的稳定的沟通、交互方式,惯例包括技术、经验等信息。同时,他们指出组织惯例是具有经验依赖性的,即组织惯例会受以往尤其是最后一次合作经验的影响。申恩平等人(2011)认为知识组合的过程具有路径依赖性,也就是说企业在开展一项新的知识组合活动时,会受之前经验的影响,遵循一个固定的模式和路径。过往的经验越丰富,这种依赖性越高。

朱伟民(2011)将组织惯例的定义分为三类:第一类以 Gersick 等人(1990)为代表,将组织惯例看作是组织的行为规范,第二类以 Cohen(1991)为代表,将组织惯例看作是组织的规则、程序;第三类以 Hodgson 等人(2004)为代表,他们认为组织惯例不单是行动,还表现在行为或者思想的倾向。

组织惯例具有诸多特征,如重复性、群体性、路径依赖性。其中重复性是指遵循相同的行动重复来完成任务。群体性的特征是因为组织惯例的形成通常是多个个体的行动彼此影响、互相依赖的结果。而组织惯例的第三个特征——路径依赖性是管理学领域的学者非常关注的一个话题。惯例之所以会有路径依赖性是因为惯例多是基于以往的经验而产生、形成的固定的思维和行动模式,而固定的行为和思维模式又会对惯例进行强化,如此反复便产生了路径依赖。组织惯例是高度依赖于组织环境的,在特定的环境中,组织惯例可以提高沟通效率、促进组织学习、降低组织不确定性,但是一旦环境发生改变,组织惯例意味着组织惰性和刚性,阻碍组织的创新活动。

2.5 本章小结

本章主要对本研究所涉及的理论和概念进行回顾。针对前言部分提出的第一个问题,本书在梳理文献的基础上对知识、知识组合的基本概念以及知识组合的分类进行了回顾和重新界定。此外,对知识组合和创新之间的关系做了阐述和解答。结合适应度景观理论和 NK 模型,构造了知识特征的三个维度,并对三个维度的概念及对创新影响的研究进行文献综述。最后,引入组织惯例和路径依赖的概念,为之后搭建理论框架和理论推演奠定基础。

通过文献回顾,形成以下结论。

(1) 知识组合的定义。本书将知识组合定义为:已有(或新的)知识单元之间建立连接或者改变已有知识单元之间连接方式从而创造新颖性的过程。将知识组合分为探索式的知识组合和开发式的知识组合。

(2) 构建了知识特征的三个维度:知识多样性、知识依赖度和知识熟悉度。其中知识多样性和知识依赖度反映了知识的空间特征,知识熟悉度反映了知识的时间特征。

(3) 厘清知识组合与创新的关系。分别从创新研究和知识管理的视角对知识组合和创新之间的关系进行梳理。根据本研究的目的,承袭创新领域学者的做法,将创新过程看作是知识组合的过程。

第3章　理论模型构建

创新过程即知识组合的过程，而过程是通过行为予以表现的，在文献综述的基础上，本章将遵循 SCP 分析框架建立本研究的理论模型。

SCP 分析框架是 20 世纪 30 年代由哈佛大学产业经济学教授 Bain 和 Scherer 等人提出的，其不仅被广泛应用于产业的分析中，还在其他领域学术研究中被广泛使用。Grant(1996a)应用该分析框架分析了知识组合视角下企业动态能力的来源问题。我们认为 SCP 不仅是一种分析框架，更提供了一种思维方式，对于学术研究大有裨益。因此，本章我们将基于 SCP 分析框架搭建理论模型。基于 SCP 分析框架和创新、知识基础观的相关理论，搭建的理论模型如图 3.1 所示。

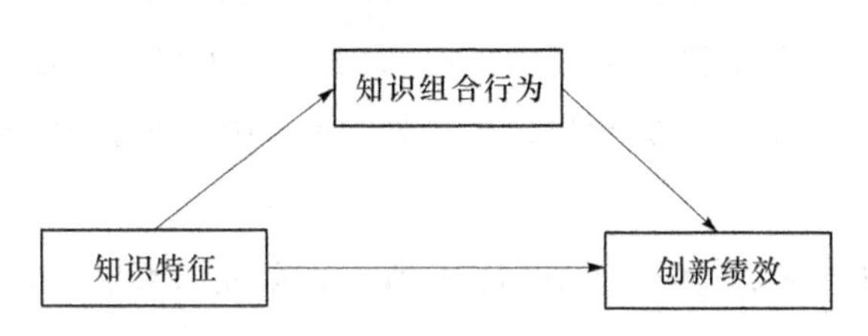

图 3.1　基于 SCP 分析框架搭建的理论模型

3.1　知识组合行为的维度划分

3.1.1　知识组合行为与二元创新

在对知识组合行为进行划分之前，首先要清楚知识组合与二元创新的关系。总体来说，知识组合是对二元创新的进一步深化和具体化。原因如下。

(1) 知识组合是二元创新的基础。二元创新只是简单地将创新进行划分,但是具体的机制和过程仍然是从知识组合角度来进行阐述和分析。比如 Aharonson 和 Schilling(2016)指出探索式和开发式的区别在于组合过程中搜索行为的不同。他们在文中如是说:"A wide body of research draws on the ideas of exploration versus exploitation in recombinant search"。"… exploration refers to the search for new …, and exploitation refers to the use and propagation of known adaptations… "。Nooteboom 等人(2007)也在文中指出,"… exploration can generally be characterized as … to allow for Schumpeterian novel combinations"。因此,虽然二元创新的划分方法普遍被学者们接受,但是二元创新本质上还是基于不同知识组合的过程而产生的。

(2) 现有研究中关于二元创新的研究多停留在组织层面,且常将行为与结果画等号。因为二元创新的理论基础是组织学习,因此关于二元创新的研究多集中在组织层面。且关于二元创新的判断比较模糊,常以结果指代过程。比如,用一个企业在过去几年内新申请的专利中涉及的新的分类号的数量来度量探索式创新行为(Aharonson et al. ,2016;Gilsing et al. ,2008;Nooteboom et al. ,2007)。而这种判断方法并没有直接反映过程以及行为发生的机制。

因此,本研究认为知识组合行为本质上是基于二元创新的进一步深化和具体化,同时由于二元创新的研究相对比较成熟,为知识组合行为的研究提供了参考和借鉴。

二元创新理论的提出奠定了对创新过程进行研究的基础。March(1991)基于组织学习理论将组织学习活动分为两种类型——探索式和开发式的活动。其中探索式的活动是指通过探索发现新的机会,而开发式的活动是指在已有知识和能力的基础上进行改进和精炼。Benner 和 Tushman(2003)在 March 理论的基础上提出了探索式创新和开发式创新的概念。探索式创新和开发式创新分别代表了两种不同的创新活动。探索式创新意味着在原有知识的基础上,通过颠覆原有的技术路径、打破原有的组织惯例和思维方式,最终产生新知识、新技术的过程。而开发式创新意味着在现有知识和技术的基础上,沿袭原有的技术轨道和组织惯例进行深度挖掘,对原有知识和技术进行改进的过程。戎彦珍(2016)认为两种创新活动在目的、知识基础、创新结果、风险、绩效和企业氛围等方面都是不同的。从知识基础的角度来看,探索式创新的知识基础是新知识、新技术,而开发式创新的知识基础是已有的知识和技术。从创新目的来看，探索式创新的最终目的是创造新的知识、技术；而开发式创新的最终目的是满足现有的客户需求。He和Wong(2004)认为探索式创新和开发式创新分别代表了两种不同的技术创新路径。

刘洋等人(2011)梳理了组织二元性在组织学习、技术创新、组织架构、组织适应等领域的研究成果，并提出了一个多层面的框架模型，主要涉及包括个体层面、团队层面、组织层面和组织间层面。不同层面的二元性反映了个体、团队或组织的行为倾向，但是并没有涉及知识层面的组合的二元性问题，即由知识的内在特征决定的知识组合行为的倾向。

二元创新研究最大的贡献在于解释了创新过程中不同的路径和影响机制。但是二元创新的研究没有解决的一个问题是如何判断创新是探索式的创新还是开发式的创新。常用的判断方法是结果导向的，比如Bierly和Chakrabarti(1996)通过创新结果的颠覆性程度判断创新过程是探索式的还是开发式的，McGrath(2001)从产品的新度来判断创新活动的类型。这种基于结果的判断方法很容易造成误判，相当于建立了结果和行为之间的直接联系，从逻辑上是不合情理的。

3.1.2 知识组合行为的维度划分

组织的二元性为知识组合行为的维度划分提供了非常重要的借鉴。同时，关于知识组合的研究中学者们对知识组合的分类本质是上反映了不同类型的知识组合行为。比如，Galunic和Rodan(1998)根据知识单元所跨越的技术边界将知识组合分为本领域内知识的再次利用、本领域内知识的重新组合以及跨领域的知识组合。Fleming(2001)通过判断知识单元之间的连接关系是否是新建立的将知识组合划分为两类：一类是将从未建立连接关系的知识单元组合起来形成新连接的知识组合活动；另一类是改变知识单元之间已有的连接方式。以同样的思路，Carnabuci和Operti(2013)将知识组合活动分为重组性创造和重组性再使用。Strumsky和Lobo(2015)从知识单元和知识连接两个维度将知识组合活动分为四类：新知识和新知识之间的组合活动为原始组合；新知识和旧知识之间的组合活动为新颖知识组合；旧知识和旧知识之间建立新的连接关系的组合为一般知识组合；旧知识和旧知识之间已经存在的连接方式的改进称为强化组合。此外，我国学者魏江关于知识组合理论的研究成果为本研究对知识组合行为的划分提供了非常重要的借鉴。魏江和徐蕾(2014)根据企业在创新网络中获取的知识与已有知识的差异将知识组合过程划分为辅助型知识组合和互补型知识组合过程，两类知识组合过程分别影响渐进式和突破式创新能力，从而影响企业的新产品开发绩效。虽然他们对知识组合的概念界定是企业层面的，但是延伸到知识层面，依然可以为本研究对知识组合行为的界定提供参考。虽然学者们对知识组合有不同的分类方法，但是归纳起来主要有两个判断标准：知识单元的特征和知识单元之间的关系。知识单元的特征反映的是知识单元在知识网络中所处的位置、所在的领域，知识单元之间的关系反映了两两知识单元之间是否存在连接关系。而这两个维度就是 Henderson 和 Clark(1990)所说的两种知识：元件知识和架构知识，元件知识即知识单元的内容，而架构知识即知识单元之间的连接关系。Makri 等人(2010)认为知识组合过程涉及的知识可以分为两类：科学知识和技术知识。科学知识是关于知识单元的内容的知识，而技术知识是关于知识单元之间的连接关系的知识。借鉴二元创新的思想、知识和知识组合的分类方法，本书将知识组合行为划分为两类：探索式知识组合和开发式知识组合。两类知识组合行为的定义如下：探索式知识组合是指将已有知识与新知识进行组合的行为；而开发式知识组合是指在已有知识的基础上，通过建立它们之间的新连接或者改变知识单元之间的连接关系从而形成组合的行为。其中，探索式知识组合旨在打破原有的知识单元之间的组合关系，通过增加新的知识单元，颠覆原有的思维模式形成新的组合(Gilsing et al.,2008;March,1991;Winter et al.,1982)；而开发式的知识组合是指知识单元的内容保持不变的基础上，通过改变知识之间的连接关系进一步发掘知识的价值，是在原有能力基础上的开发和强化。两种知识组合类型存在本质的差异(Arend et al.,2014)。

3.2 知识特征影响知识组合行为

关于知识特征影响知识组合行为的研究较少，且很少有研究关注影响知识组合的前置变量(魏江 等,2014)。即便是在研究比较成熟的二元创新领域，知识特征和创新行为之间的理论探讨和实证检验均不成熟。“结构→行为”的逻辑是合乎情理的，根据 March 和 Simon(1958)的观点，行为是对特定刺激的自然而然的反应(Grant,1996b)。

"…stimulus and response may lead to highly complex and variable patterns of seemingly-automatic behavior"(Grant,1996b).

Smith(2001)在研究知识特征对员工运用知识的差异时发现,员工间知识结构的差异会导致他们在运用知识时存在不同的行为习惯。Levinthal 和 March(1993)认为,如果一个公司的知识集中在某一特定的领域,即知识的多样性程度较低,那么他们可能认为通过获取外部知识进行内外部的知识组合没有必要和价值,因而知识组合的行为更倾向于开发式的。相反地,如果知识的多样化程度较高,会使得公司的能力得到强化,从而促进员工进行探索式的知识组合活动(Cohen et al.,1990)。Carnabuci 和 Operti(2013)认为组织知识的多样化程度越高,越倾向于进行探索式的知识组合活动。他们搜集了全球半导体产业的数据并通过实证分析检验了知识多样性对探索式知识组合的正向影响以及对开发式知识组合的负向影响。即知识多样化程度越高,知识组合行为是探索式的可能性越高,而知识组合行为是开发式的可能性越低。Cohen 和 Levinthal(1990)认为知识特征对创新行为的影响是通过吸收能力来实现的。Ahuja 和 Lampert(2001)提出了三种陷阱:熟悉陷阱、成熟陷阱和就近陷阱。熟悉陷阱是指当发明者对知识熟悉度较高的时候,会倾向于利用自己已经熟悉的知识而采取特定的行动;成熟陷阱是指当知识比较成熟时,组织往往会倾向于利用成熟的知识而不愿意进行探索;就近陷阱是指不愿意进行远距离探索的行为倾向。

因此,知识特征对知识组合行为的影响机制是组织的惯例和个人的思维模式。知识组合行为是针对特定的知识特征依据组织惯例和个人行为习惯而采取的自然而然的反应的结果。

此外,知识特征对行为的影响还存在一个常被忽略的机制,即组织能力的作用。根据知识基础观,组织能力来源于组织的知识结构。组织特征通过影响组织的能力而会对行为产生特定的影响。从本研究涉及的知识特征的三个维度来看,知识多样性会通过增加知识组合过程的复杂程度,增加竞争对手模仿的难度,使得自己获得竞争力(魏江 等,2014),进一步影响企业探索式知识组合的倾向(Grant,1996b)。Cummings 和 Teng(2003)认为知识相似度会影响知识吸收能力,从而会影响企业的知识转移。

因此,知识特征对知识组合行为的影响可以通过两种机制来解释:①组织惯例和路径依赖;②组织能力。

3.3 知识特征影响创新绩效的机制

知识特征对创新绩效的影响属于知识基础观理论的范畴。知识基础观理论认为知识尤其是隐性知识是企业竞争力的重要来源。Grant(1996b)认为知识特征通过影响组织能力从而对创新绩效产生影响。谢洪明和吴隆增(2006)认为知识的特征——模块化程度、隐性程度、复杂性程度和路径依赖程度会影响知识组合的能力,从而对创新绩效产生影响。彭凯和孙海法(2012)认为知识投入的特征——团队知识的多样性会通过影响知识过程从而影响创新绩效。刘灿辉和安立仁(2016)探讨了知识多样性对个体创新绩效的影响,他们认为多样性的知识因为可以提供异质性的认知资源从而对创新绩效有正向的影响作用。朱亚萍(2014)认为知识的专门化程度会影响企业的创新绩效。知识的专门化程度反映了知识在不同领域的分布,知识的专门化程度越高,意味着知识越集中于某一个领域,会导致企业陷入能力陷阱,忽略了外部探索,从而对企业的创新绩效产生负面的影响。

总体来说,知识特征对创新绩效的直接影响的研究非常丰富,在此将不再针对这部分文献进行专门的说明,在理论假设部分再予以详细探讨和分析。

3.4 知识特征通过知识组合行为影响创新绩效的内在逻辑

本书将以往研究中知识特征通过知识组合行为影响创新的全过程的机制归纳为两类:组织能力和路径依赖。

3.4.1 机制一:组织能力

Kogut 和 Zander(1992)将企业的核心能力定义为企业进行知识组合的能

力——组合能力,他们认为企业进行知识组合的能力对绩效有决定性的影响,而能力的获取是通过将现有的知识进行组合、挖掘现有知识的潜力而获得的。本书认为知识特征通过知识组合影响创新绩效的传导模型的思想可以追溯至 Kogut 和 Zander(1992)的研究。他们认为知识特征对创新的影响是通过组合能力机制实现的。具体来讲,知识特征通过影响组合能力进一步影响知识组合过程以及创新的绩效。模型如图 3.2 所示。

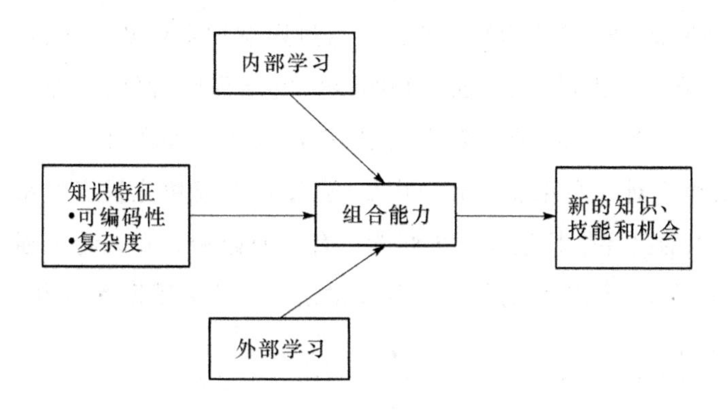

图 3.2　组合能力的作用机制模型(Kogut,Zander,1992)

谢洪明和吴隆增(2006)认为知识特征决定了知识整合的方式,从而影响知识整合的效果,并基于此构建了知识特征→整合方式→整合绩效的关系模型。其中,知识特征通过影响知识整合能力影响知识整合方式,进一步影响知识整合绩效。知识特征包括隐性程度、复杂程度、模块化程度和路径依赖程度,知识整合能力包括社会化能力、系统化能力、协调能力三方面。但是他们并没有直接衡量创新的绩效,而是通过 Grant(1996b)提出的整合的范围、效率和弹性三个方面来衡量整合的效果。关系模型如图 3.3 所示。

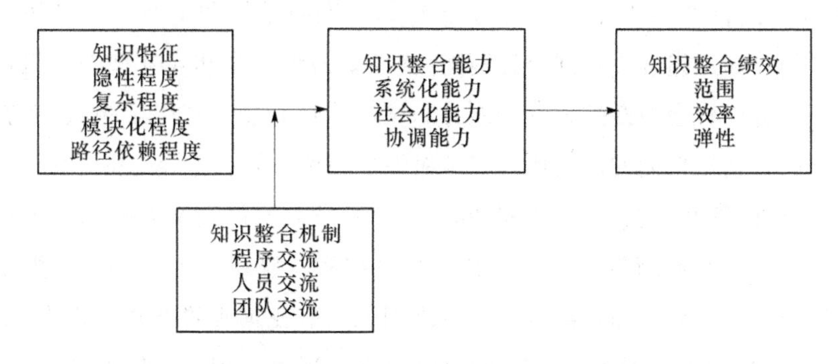

图 3.3　知识特征→知识整合能力→知识整合绩效关系模型(谢洪明,吴隆增,2006)

谢洪明和吴隆增建立了知识特征→整合行为→整合绩效的理论关系模型，但是有两点问题他们没有解决，其一，整合绩效的衡量包括范围、效率和弹性这三个方面，实际上这三个方面只是知识整合程度的一个反映，不能直接与绩效画等号；其二，关系探讨停留在理论层次，没有进一步的实证分析和检验。谢洪明等人(2008)在图 3.3 所示关系模型的基础上，进一步建立了组合能力、组合效果和技术创新关系模型，是对图 3.3 关系模型的补充和完善。

申恩平和廖粲(2011)认为知识特征会通过影响技术创新方式、过程从而对创新绩效产生影响。首先，知识特征(隐性程度、复杂程度、模块化程度和路径依赖程度)会对知识组合产生影响。影响机制为：知识隐性程度对协调能力有负向影响，知识复杂程度对社会化能力有正向影响，知识的模块化程度对系统化能力有正向影响，知识的路径依赖程度对协调能力有正向影响。知识特征通过影响这三方面的能力来影响知识组合的行为以及技术创新。该关系模型如图 3.4 所示。

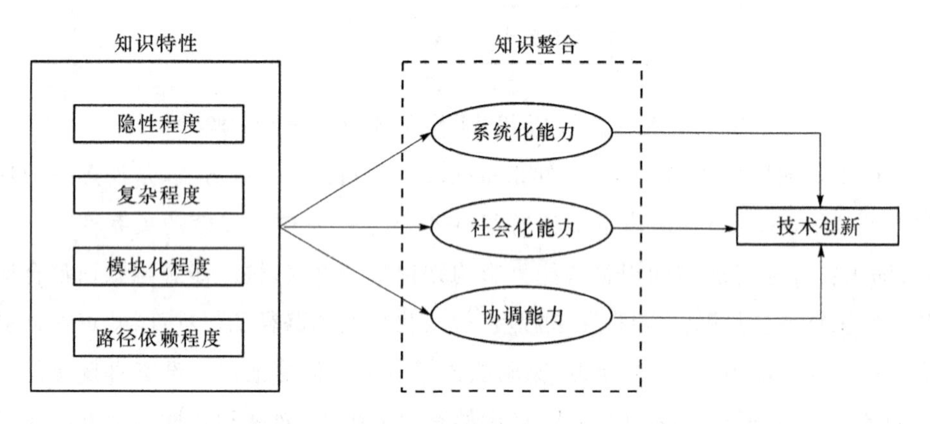

图 3.4　知识特征、知识整合和技术创新的关系模型(申恩平，廖粲，2011)

魏江和徐蕾(2014)提出了知识组合在知识网络结构和创新绩效之间的中介作用。他们将知识组合过程划分为两类：辅助型知识组合和互补型知识组合。不同的知识组合分别会对渐进式创新能力和突破式创新能力产生影响，进而影响企业的新产品开发。他们的研究比较有针对性地强调了知识组合的中介作用。

除此以外，简兆权在 2008 年和 2009 年分别发表的两篇文章强调了吸收能力通过知识组合对企业绩效的影响。其中简兆权和吴隆增等人(2008)认为吸收能力有助于企业进行外部知识组合从而对组织创新有正向促进作用。而在 2009 年的文章中，简兆权和占孙福(2009)认为吸收能力通过知识组合影响技术创新，而组织知识创造又在知识组合和技术创新绩效中发挥中介作用。廖粲(2013)则探索了知识特征(显性程度、复杂程度、模块化程度和专用性)对合作创新能力的影响。虽然他们没有完整地探讨知识特征、组织能力、知识组合行为、创新绩效之间的关系,但是分别对部分路径的影响关系做了详细的分析,并通过实证方法进行检验。

3.4.2　机制二:组织惯例、路径依赖

除了组织能力的作用机制外,路径依赖也是一个非常重要的机制。技术发展是具有路径依赖性的,会受到特定的技术范式的影响(Teece et al.,1997)。March 和 Simon(1958)认为对于特定的要素,组织会遵循特定的惯例对其进行响应,即行为。路径依赖表现在两个方面:首先,路径依赖是知识的本质特征(Grant,1996a;Simonin,1999);其次,路径依赖表现在组织和个人对特定情境的反应中,即组织惯例的路径依赖性。知识的路径依赖是由知识的内在特征决定的,只能遵循特定的技术范式;而组织惯例和个人的路径依赖反映了在给予特定的刺激时,组织的响应受过去的经验和模式的影响;过去的经验越丰富,组织的惯性越大,个人思维方式越固化,路径依赖程度越高。

知识的路径依赖度高,意味着知识的可延展性差(Grant,1996b),只能与特定的知识进行组合,从而影响组织能力和创新绩效。组织管理和个人思维方式的路径依赖是由以往的经验造成的,路径依赖度越高,代表着组织的惰性越强,越容易产生路径依赖陷阱,以往的经验会决定知识组合行为从而影响创新绩效。

朱亚萍(2014)认为知识多样性可能通过降低路径依赖而避免企业陷入路径依赖陷阱。她认为,如果知识集中于某个领域,那么会加强技术创新过程的路径依赖程度,组织刚性会对知识组合产生负面的影响,企业会倾向于在现有的知识领域内进行开发式的知识组合,降低外部探索的意愿。也就是说,知识的多样性特征会因为路径依赖对知识组合的行为产生影响,从而影响创新绩效。Teece 等人(1997)认为知识组合行为会受以往的经验和范式的影响,遵循固定的路径和模式。

除了从组织能力和路径依赖机制分析知识特征→组合行为→创新绩效的传导路径,彭凯和孙海法(2012)从成本和效率角度探讨了投入→过程→产出的关系。采取逆向思维方式,他们总结了不同的创新所对应的知识组合过程和知识多

样化程度的差异。其中激进型创新对知识多样性的需求最高,知识组合的强度最大,成本最大;架构型创新对知识多样性的需求次之,因为知识组合过程包含隐性知识,因此成本较高;元件型创新的范围集中在元件内,因此对知识多样性的需求较低且成本相对较低;渐进型创新对知识多样性的需求和知识组合的成本均最低。通过从产出倒推组合过程和知识特征,建立了知识特征通过知识过程影响创新绩效的关系模型。崔月慧(2015)认为知识相关性通过知识组合能力影响知识转移绩效。

3.5 创新绩效的衡量

在企业层次,学者们常用新产品的数量和质量、专利的数量和质量度量创新绩效(陈钰芬 等,2008;朱朝晖,2008;陈钰芬 等,2009)。比如,项丽瑶(2016)同时用专利的数量和质量来衡量创新绩效。本书是以知识单元为分析对象的,因此不考虑专利数量的问题,主要通过专利质量来衡量创新绩效。

已有研究表明,虽然所有的专利都必须满足"新颖性、创造性和实用性"标准,但是并非所有专利的技术水平和经济价值等同。不同专利的重要性和价值有很大差异。因此,专利质量的衡量对于创新绩效的研究具有非常重要的意义(万小丽,2009)。而对专利质量衡量常用的两个维度是专利新颖性和专利有用性。专利新颖性和专利有用性反映的是专利质量的不同方面,在研究中应该予以区分。Strumsky 和 Lobo(2015)在对 USPTO 大量的专利数据进行实证检验后得出了专利新颖性和专利有用性之间并没有密切关联的结论。因为这两个指标指向的最终目的是不同的(David,1985)。

关于专利新颖性的度量有不同的方法,Achilladelis 等人(1990)根据一个专利所在领域的专利数量来衡量该专利的新颖程度,如果该专利所在领域的专利数量比较少,那么该专利的新颖程度就比较高。类似的做法还出现在 Andersen(1999)和 Haupt 等人(2007)的研究中。Ahuja 和 Lampert(2001)用专利的后向引用数衡量其新颖性,如果一个专利没有后向引用,那么说明该专利是原始发明。Dahlin 和 Behrens(2005)采用两种方式衡量专利的新颖性程度:①一个专利被引用的次数越多,说明该专利的新颖性程度越高;②专利后向引用分类号的大类与该专利的大类的不同程度，即后向引用的大类与本专利的大类的重叠程度越低，那么新颖性越高；重叠程度越高，新颖性越低。第一种衡量方式是基于专利的前向引用的，第二种衡量方式是基于专利的后向引用的。Schoenmaker 和 Duysters(2010)通过后向引用数衡量一个专利的颠覆性程度，引用其他专利的数量越少，说明该专利的颠覆性程度越高。同样，Shane(2001)根据后向引用的专利的分类号所从属的大类号的个数来判断该专利的颠覆性程度。Xiao(2015)通过专利的权利声明数来衡量专利的新颖性。她认为权利声明数反映了一个专利与之前专利相比的新颖程度。

Fleming(2001)用一个专利被之后其他专利引用的次数来衡量该专利的有用性，被引用的次数越多，说明该专利越有用。Strumsky 和 Lobo(2015)认为专利的有用性包括技术有用性和社会有用性。技术有用性通过一个专利被其他专利引用的次数来衡量，而社会有用性衡量的是专利的价值，需要借助专利之外的其他信息来衡量。Carnabuci 和 Bruggeman(2009)认为，如果一个专利是有用的，那么它将在之后的发明中被引用。通过专利的被引次数来衡量专利的技术有用性这一做法得到了学者们的一致肯定。专利的前向引用与专利的技术重要性和价值之间的关系已经被学者们反复证明了(Albert et al.，1991；Fleming，2001；Hall et al.，2005)。

因此，本书通过专利质量来衡量创新绩效，同时专利质量包括专利新颖性和专利有用性两个维度。

3.6　本章小结

首先，在搭建理论框架之前，本章将知识组合的行为划分为两个维度。这种划分方法一方面借鉴了关于二元创新的研究，另一方面借鉴了关于知识组合研究中学者们对知识组合的理解和定义。关于知识组合和二元创新的关系，两者既有区别又有联系。知识组合是二元创新研究的进一步深化和具体化，虽然二元创新的研究奠定了对创新过程和行为研究的基础，但是仍然没有解释创新过程的本质问题；同时二元创新的研究又为知识组合的研究提供了理论参考和借鉴。因此，综合二元创新的研究成果以及学者们对知识组合的定义，将知识组合的行为划分为探索式知识组合和开发式知识组合行为。

紧接着，本章构建了知识特征的三个维度：知识多样性、知识依赖度和知识熟悉度，分别阐述了这三个维度如何影响知识组合以及创新绩效，并在此基础上，归纳了知识特征通过知识组合行为影响创新绩效的过程机制——组织能力和路径依赖。最后阐述了本研究中创新绩效衡量的两个维度。基于上述分析，搭建了知识特征→知识组合行为→创新绩效的理论模型，如图 3.5 所示。

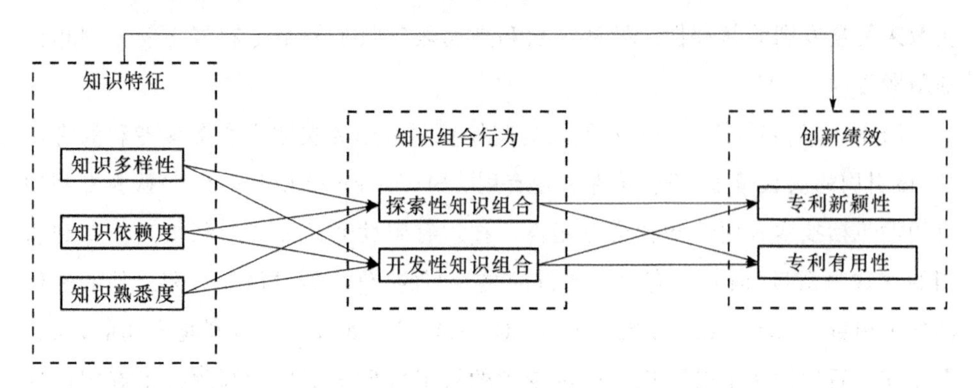

图 3.5 总体理论框架

第4章　研究假设

本章分别针对知识特征对创新绩效的直接影响、知识特征对知识组合行为的影响、知识组合行为对创新绩效的影响以及知识组合行为的中介效应通过理论推演提出研究假设。

4.1　知识特征影响专利质量

4.1.1　知识特征影响专利新颖性

(1) 知识多样性对专利新颖性的影响

关于知识多样性与新颖性的关系，主要有两种观点：一种认为知识多样性对新颖性有倒U形的影响；另一种观点认为知识多样性对新颖性的影响是线性的。

Ahuja和Lampert(2001)分析了知识多样性与突破式发明的数量之间的关系，提出了倒U形的假设。他们认为，知识来源的领域越多，知识的多样化程度越高，发明者的视野和可利用的资源会增加，知识组合的可能性更多，发明者可选择的余地增加。但是多样化程度过大，会带来信息过载，使发明者感到困惑和迷茫，导致规模不经济，从而抑制知识组合的新颖性。与Ahuja和Lampert的观点类似，我国学者赵云辉(2016)同样认为多样化和不重复的知识可以为企业带来新知识和新的创新机会，但是同时也会因为信息过载带来知识的使用和吸收成本增加以及规模不经济等问题。Van den Bergh(2008)认为多样性意味着牺牲效率，因此短期来讲多样性意味着无效，但是长期来看多样性意味着多种可选方案和持续的知识组合，会带来长远的收益。同时Van den Bergh也指出多样性并非越大越好，当多样性程度达到某一个水平的时候是最优的，在该多样性水平下能够实现收益和创新的双赢。Gilsing 等人(2008)认为随着知识多样性的增加，资源的异质性程度增加，资源之间可以实现互补，从而增加了新颖组合发生的可能性；但是随着知识距离的增加，吸收能力会下降；两种影响共同作用最后会对探索式创新产生倒 U 形的影响。他们搜集了化学、汽车和制药行业的 116 家企业的数据，通过回归分析对倒 U 形的关系进行验证。Laursen(2012)认为多样性的知识资源是产生新颖性组合的必要条件，但是知识的多样化程度并非越高越好，过高或者过低的多样性程度对知识的组合都是有害的。我国学者张妍(2014)认为合作伙伴多样性增加，企业可获得的知识的多样性程度增加，同时知识多样性包括了研发伙伴的组织多样性和研发地理多样性两个维度，并提出了知识多样性和创新绩效的倒 U 形关系。Cecere 和 Ozman(2014)认为知识多样性对创新的影响是具有两面性的。一方面，随着知识多样性的增加，产生知识组合的可能性也会随之增加；另一方面，当知识多样性到达一定程度之后，知识沟通和组合的成本也会增加，从而影响知识组合的效率。项丽瑶(2016)分别从创新绩效数量和质量两个维度探索了知识多样性的影响，其中在创新的质量方面，她认为知识多样性与新颖性的关系应该是倒 U 形的。原因在于知识多样化程度高意味着资源的异质性和互补性，从而增加了新颖性和创造性结果产生的可能性，同时也会带来成本和认知局限的问题。但是实证结果表明，知识多样性和新颖性之间的倒 U 形关系未通过显著性检验。

另一种观点是知识多样性和新颖性之间的关系应该是线性的。Becker 和 Dietz(2004)指出合作伙伴的多样性对创新有正向的促进作用。Taylor 和 Greve (2006)研究了团队经验和团队知识多样性对团队创造力的影响。他们提出在团队成员数量保持不变的情况下，团队成员掌握的知识越丰富，团队的创造力也会越高。Sidhu 等人(2007)指出，随着地理距离的增加，知识之间的差异性会越大，这种差异性将会有利于新颖组合的产生。与之相反，有的学者认为知识距离的增加将会使得知识的交换和沟通成本大大增加，这对于知识的组合是十分不利的，因此知识的地理距离和组合之间应该是负相关的关系(Feller et al.，2013；Galunic et al.，1998)。Grebel(2013)认为，随着知识多样化程度的提高，知识组合的可能性也越大，同时发明的新颖性也会增加。我国学者彭凯和孙海法(2012)认为对于一个企业而言，员工的个人特质、年龄、工作经验、专业背景等差异会为企业带来多样化的知识。知识组合的颠覆性程度越高，那么所需要的知识的多样性程度也会越高。刘志迎等人(2013)以大学和企业的协同创新为例，探索了技术距离和地理距离对创新绩效的影响。实证检验结果表明，随着企业和高校技术距离的增加，合作伙伴之间的知识可以实现互补，有利于知识组合，创新效率提高，以联合申请的专利数量衡量的创新绩效越好，技术距离与创新绩效之间呈正相关关系；另外，大学和企业越接近，越有利于知识资源的组合，创新效率越高。朱亚萍(2014)认为，知识的多样性本质上是合作企业间知识的差异程度，知识的多样性程度越高，获取新颖知识的可能性越大，产生新颖的知识组合的可能性也会越高。Phelps(2010)认为，随着知识多样性程度的提高，知识组合发生的可能性增加，但是过高的知识多样性会损害企业识别和利用知识进行组合的能力，从而限制知识组合的发生，因此提出了技术多样性和探索式创新的倒U形关系假设，并以全球电信设备产业为例进行假设检验，实证分析结果表明技术多样性对探索式创新有显著的正向促进作用，但是倒U形关系没有得到支持。

本书认为，两种观点之所以有冲突是因为第二种观点没有考虑组织能力的影响。无论是个体还是组织，都存在有限理性和认知能力不足的问题。在特定的组织能力范围内，随着知识多样性程度的增加，知识的价值是可以得到充分挖掘的，但是如果知识的多样性超过了个体或组织的认知范围，那么不仅不会带来正面的影响，反而会因为信息过载而造成困扰，从而会产生负面的影响。总体来说，知识多样性对专利新颖性的影响可以看作是：①因为知识多样性带来的客观上组合的可能性的增加；和②因为个人、组织主观的能力因素而对创新产生的负面影响综合作用的结果。因此，本研究提出假设1。

假设1：知识多样性对专利新颖性有倒U形的影响。

(2) 知识依赖度对专利新颖性的影响

知识多样性衡量的是知识单元的丰富程度和在不同知识领域的分布情况。知识依赖度衡量的是不同的知识单元之间的内在联系紧密程度。Kauffman(1993)认为，随着知识之间依赖关系的增加，知识的协同效应会增加知识组合成功的可能性，但是会对新颖性产生负向的影响。Fleming和Sorenson(2004)认为某个知识对其他知识的依赖程度越高，意味着该知识与其他知识进行组合的难度越大。换句话说，知识A对知识B的依赖度高意味着知识A与知识B之外的其他知识进行组合的难度很大。保持知识单元数量不变，在知识依赖度较低的水平下，随着知识单元之间依赖关系的增加，会对知识组合产生正面的影响，增加创新的成功率（Fleming et al.，2001；Henderson et al.，1990；Kauffman，1993；Weitzman，1998）。随着知识单元间依赖程度的增加，组合的容易程度会增加；但是知识之间依赖关系增加又意味着该知识单元与其他知识组合的难度和不确定性的增加（Baldwin et al.，2000；Fleming et al.，2001）。Yayavaram 和 Ahuja（2008）认为知识的可分解度和知识组合的有用性之间的关系应该是倒 U 形的。当知识完全不可分解的时候，意味着知识单元完全捆绑在一起，知识搜索的复杂度非常高，搜索的效率非常低。当知识完全可分解的时候，知识之间的联系比较松散，吸收能力的缺乏将导致这些知识的组合难度非常高。当知识的依赖度很高的时候，意味着知识的搜索范围比较局限，不利于产生新颖的组合。因此，知识单元之间的依赖关系会对专利的新颖性产生倒 U 形的影响。我国学者朱亚萍（2014）认为知识的专门化程度越高，越容易陷入路径依赖陷阱，进行外地创新搜索的可能性降低，限制了探索式的知识整合。此外，Grant（1996b）认为知识单元的依赖程度是创新灵活性的反映，如果知识单元间的依赖度很大，那么意味着现有知识的可延展性差，不利于新颖组合的产生。

事实上，知识依赖度对创新的影响反映的是发明者或者公司的行为惯例或思维方式。知识依赖度高意味着知识单元只能以特定的方式进行组合，而新颖性的产生是需要打破惯例和路径依赖的，因此高知识依赖度会对新颖性产生负面的影响。反过来，如果知识依赖度比较低，意味着共性知识比较少，知识组合过程的效率比较低（Grant，1996b）。知识单元之间的依赖度是由知识的内在属性决定的。知识依赖度高意味着打破现有连接关系进行新组合的难度增加、可能性降低。但是如果知识单元之间的依赖度低，意味着知识单元之间的联系比较松散，共性知识比较少，知识的吸收能力下降。因此，只有当知识单元之间的依赖关系处在一个比较合适的水平时，专利的新颖性程度才会比较高。本研究提出假设 2。

假设 2：知识依赖度对专利新颖性有倒 U 形的影响。

(3) 知识熟悉度对专利新颖性的影响

Ahuja 和 Lampert（2001）认为熟悉的知识通常是成熟的知识，是那些已经存在且广为了解的知识。当发明者对知识完全不熟悉的时候，发明者的认知能力会受到挑战，会阻碍突破式发明的出现；反过来，当发明者对知识非常熟悉的时候，会导致陷入熟悉陷阱，将知识的应用限定在有限的范围内而降低了知识组合的潜力和可能性。Dewar 和 Dutton(1986)认为发明者对知识的熟悉度会影响对创新新颖性的判断。Tzabbar 等人(2013)认为在联盟合作中,如果对合作者的知识熟悉度较高,一方面会提高知识整合的速率,巩固企业现有的技术和能力;另一方面会限制企业进行探索式的创新,可能使企业陷入路径依赖而错失开辟新的技术路径的机会。Kaplan 和 Vakili(2015)认为对知识越熟悉意味着对知识有更加深刻的理解和认识,而这种深刻的理解和认识是利用知识进行突破式创新的必要条件。Fleming(2001)认为,发明者对知识的熟悉度一方面与知识出现的时间有关,另一方面与知识被反复利用的次数有关。如果知识出现的时间与发明者从事知识组合活动的时间比较近,发明者对该知识的熟悉度会比较高;如果知识出现的时间距离发明者从事知识组合活动的时间比较长,但是该知识在以往的组合活动中被反复利用,发明者可以从中学习关于该知识和该知识应用的经验,以此来提高对该知识的熟悉度。发明者对知识的熟悉度越高,关于知识如何利用的经验越丰富。Zheng 和 Yang(2015)认为,知识熟悉度与突破式创新绩效之间的关系应该是倒 U 形的。知识熟悉度对创新的倒 U 形影响是三个方面——复杂性、协调成本、不确定性共同作用的结果。一方面,适度的知识熟悉度会使得协调比较高效,并能够有效地对创新过程进行管理;另一方面,当知识熟悉度超过一定水平时,组织的惯性和僵硬将会阻碍突破式创新。

以往研究中知识熟悉度对新颖性的影响并没有形成一致的结论。从 Fleming 定义的熟悉度的观点出发,发明者对知识的熟悉度越高,说明关于如何利用知识进行组合的经验越丰富;经验越丰富,个人的思维方式或组织的惯例越固化,产生新颖性的重要条件在于打破原有的思维和惯例进行新的探索。因此,本研究认为其他条件保持不变,知识熟悉度会对专利新颖性产生负向的影响,提出假设 3。

假设 3:知识熟悉度对专利新颖性的影响为负。

(4) 知识熟悉度的调节作用

知识熟悉度除了会直接对专利新颖性产生影响之外,本研究认为知识熟悉度对知识多样性、知识依赖度和专利新颖性之间的关系有调节作用。Fleming (2001)认为知识熟悉度会降低创新过程中的不确定性,因为发明者对知识越熟悉,越了解知识的特征以及知识的应用。知识熟悉度对知识多样性和专利新颖性的调节作用具体表现为:当知识多样性水平较低时,发明者对知识的熟悉度越高,知识熟悉度的正效应远低于因为思维僵化带来的负效应,从而会使得专利的新颖性降低;当知识多样性处于较高水平时,发明者对知识熟悉,能够适度缓解认知局限和吸收能力的不足,从而使得专利的新颖性增加。因此,本研究提出假设4。

假设4:知识熟悉度对知识多样性和专利新颖性的倒U形关系有反向的调节作用。

同样地,知识熟悉度会调节知识依赖度和专利有用性之间的倒U形关系,具体表现为:当知识依赖度处于较低水平时,知识单元之间的共性知识较少,吸收能力较弱,当发明者对知识的熟悉度较高时,可以有效地缓解这一局限,使得专利的有用性增加。当知识依赖度处于较高水平时,异质性资源较少,这时如果发明者对知识的熟悉度越高,越有利于开发现有知识的价值,产生有用性较高的专利。因此,本研究提出假设5。

假设5:知识熟悉度对知识依赖度和专利新颖性的倒U形关系有正向的调节作用。

4.1.2 知识特征影响专利有用性

专利有用性是衡量专利质量的另一个非常重要的指标。本研究中,专利有用性是通过专利的技术影响力来反映的,不考虑专利的社会价值(Strumsky et al.,2015)。

(1) 知识多样性影响专利有用性

Strumsky和Lobo(2015)认为专利质量的两个维度——新颖性和有用性在很多时候是不同步的,即新颖的专利未必有用,有用的专利未必新颖。但是多样性对专利有用性和新颖性的影响存在一个共同的机制——通过增加知识组合的可能性来影响专利质量。也就是说,从排列组合的角度来讲,知识单元的数量越多,那么组合的机会(C_N^2)越多,新颖性和有用性的来源越多,从中进行搜索产生新颖度高和有用性大的发明的可能性也会增加(Ahuja et al.,2001;Cecere et al.,2014;Grebel,2013)。Kaplan等人(2015)认为,专利被引用的次数总是与知识的多样性相关的。知识单元的距离越远、多样化程度越高,那么由此产生的专利被引用的频次往往越大,即专利的有用性越高。

从搜索的角度讲,知识单元之间形成连接,代表着它们所在的领域建立了联系,那么其他领域的创新活动在知识搜索的过程中会增加对该领域知识引用的机会(Argyres et al.,2004;Jaffe et al.,2002;Singh,2008;Xiao,2015)。比如知识单元A和知识单元B之间建立了连接关系,那么如果C(与A从属于同一技术领域)进行知识组合时会参照A的路径搜索到知识单元B,即增加了知识单元B的一次引用。因此,如果知识的多样化程度越高,就可能被更多的领域进行搜索,被引次数可能增加。

但不可避免的是,知识多样性会增加创新过程的复杂度从而带来吸收能力下降和成本增加的问题(Ahuja,2000;Cohen et al.,1994;Grant,1996b;Nooteboom et al.,2007;Van den Bergh,2008),因此,本研究提出假设6。

假设6:知识多样性对专利有用性有倒U形的影响。

(2) 知识依赖度影响专利有用性

从模块化和耦合角度来讲,知识单元之间可分解度会对知识组合产生影响(Baldwin et al.,2000;Schilling,2000)。如果一个专利的知识依赖度比较低,意味着该专利的可延展性较好,那么在其基础上通过增加或减少知识单元来创造新颖性会比较容易,之后的发明利用该专利进行知识组合的可能性便会增加,该专利的有用性得到体现。此外,Yayavaram和Ahuja(2008)认为知识单元之间的连接会通过知识簇之间的连接从而影响在创新搜索过程中被搜索到的机会,从而增加被引用的可能性。但是当知识单元之间的依赖度非常高的时候,远距离的创新搜索是无效的,搜索更集中在本地范围内,限制了产生新的探索的可能性。当知识单元之间完全不依赖的时候,一个知识单元的变化并不会引起其他知识簇的反应,被搜索和引用的可能性下降,同时吸收能力也会下降。因此,Yayavaram和Ahuja(2008)认为知识的依赖度和专利的有用性之间是倒U形的关系。Fleming和Sorenson(2004)认为某个知识对其他知识的依赖程度越高,意味着该知识与其他知识进行组合的难度越大,不确定性越高。换句话说,知识A对知识B的依赖度高意味着知识A与知识B之外的其他知识进行组合的难度很大。因此,Fleming和Sorenson(2001)认为只有当知识之间的依赖关系处于一个比较适中的水平时,发明的有用性程度会最大,也就是说知识间的依赖关系与发明的有用性之间存在倒U形关系。栾春娟(2012)认为,一个知识单元与多个知识单元的共现次数越多,代表着该知识对越多领域产生影响。换句话说,如果与一个专利的分类号共现的分类号越多,意味着该分类号在越多的领域可以被应用,那么未来该专利被引用的可能性越高。

综上所述,知识单元之间的依赖度处于一个适中的水平,可以同时获得共性知识和可延展性带来的优势,专利的有用性最高。当知识单元之间的依赖度处于两个极端的时候——完全不依赖和完全依赖,专利的有用性都会下降。一方面,当知识完全不依赖的时候,代表着共性知识较少,吸收能力下降,组合的难度增加;另一方面,当知识完全依赖的时候,通过该发明进行进一步知识组合的可能性降低,那么该专利被引用的机会减小。因此,本研究提出假设 7。

假设 7:知识依赖度对专利有用性有倒 U 形的影响。

(3) 知识熟悉度影响专利有用性

当发明者对知识非常熟悉的时候,会陷入熟悉陷阱;但如果发明者对知识非常不熟悉,认知能力会阻碍知识组合;只有当发明者对知识的熟悉度处于一个适中的水平时,专利的有用性才会最高(Ahuja et al. ,2001)。Tzabbar 等人(2013)认为发明者对知识的熟悉度高意味着他们有能力对知识进行利用以及创造新的知识;反过来,如果对合作者的知识比较陌生,意味着投机行为的风险增加,知识组合的不确定性相应也会提高。Fleming(2001)认为,发明者对知识的熟悉度越高,专利的有用性也会越大,创新过程的不确定性越低。以突破式发明的数量为结果变量,Zheng 和 Yang(2015)认为,知识熟悉度会影响知识组合过程的复杂性、协调成本和不确定性,从而对突破式专利的数量产生倒 U 形的影响。适度的知识熟悉度会使得协调比较高效,并能够有效地对创新过程进行管理。但是当合作者之间熟悉度超过某一水平时,组织的惯性和僵硬将会阻碍突破式创新。

虽然关于知识熟悉度和发明有用性、发明新颖性之间的关系有不同的观点,但是本研究认为知识熟悉度会对发明有用性、发明新颖性均产生负向的影响。根据 Fleming(2001)对知识熟悉度的定义,知识熟悉度越高,意味着对知识组合的路径越熟悉,路径依赖和组织惯例的影响越大,会对专利的有用性产生负向的影响。因此,本研究提出假设 8。

假设 8:知识熟悉度对专利有用性的影响为负。

(4) 知识熟悉度的调节作用

知识熟悉度的调节作用表现在对知识的特性比较熟悉,从而会降低创新过程中的不确定性。在其他因素保持不变的情况下,对知识单元越熟悉,越能够产生有用的发明(Fleming,2001;Zheng et al. ,2015)。Xiao(2015)认为发明者对知识越熟悉,对知识的理解越深刻,专利的有用性越大。但是本研究认为,知识熟悉度越高意味着路径依赖度越高,越倾向于本地搜索行为,建立与新领域的知识连接的意愿不强，不利于该专利被搜索和引用。因此，本研究提出假设9。

假设9：知识熟悉度对知识多样性和专利有用性的倒U形关系有反向的调节作用。

知识熟悉度对知识依赖度和专利有用性的调节表现为知识熟悉度会增强路径依赖性，即放大知识依赖度对专利有用性的倒U形影响。因此，本研究提出假设10。

假设10：知识熟悉度对知识依赖度和专利有用性的倒U形关系有正向的调节作用。

4.2 知识特征影响知识组合行为

知识特征对知识组合行为的影响通过两种机制实现：组织能力和路径依赖。根据知识基础观，知识是企业竞争力的重要来源，知识决定了组织的能力，而能力又影响了组织的行为。同时知识的路径依赖、发明者或组织的路径依赖特征也会影响组织的行为。

(1) 知识多样性对知识组合行为的影响

多样化的知识在一定程度上反映了创新的潜力和组合的可能(彭凯 等，2012)。知识的多样性程度越高，表明创新的潜力和空间越大。知识的多样性程度越高，发明者越可能接触新的知识，进行探索式知识组合的可能性便会增加；相反地，知识多样化程度越低，发明者能够利用的知识非常有限，知识更可能是基于现有知识的开发而非探索式的创新(Freeman et al.，1997)。Levinthal 和 March (1993)认为，如果一个公司的创新活动的探索程度越高，该公司的知识一定越丰富，即知识多样性对探索式创新活动有正向的促进作用。Phelps(2010)对全球范围内77家电信设备制造企业的实证研究结果表明，技术多样性对探索式创新有正向的促进作用。Carnabuci 和 Operti(2013)将知识组合分为两类，一类是重组性使用，另一类是重组性创造。以全球半导体产业126家公司的专利数据为样本，检验了知识多样性对两类知识组合发生倾向的影响，结果表明知识多样性对重组性再使用有显著的负向影响，对重组性创造有显著的正向影响。即随着知识多样化程度的增加，企业更倾向于进行创造性的知识组合。Grant(1996b)认为知识多样性会强化探索式知识组合的能力，但是同时会增加知识组合过程的复杂度和成本。以探索式专利的数量为结果变量，Gilsing 等人(2008)提出了知识多样性和探索式创新的倒 U 形关系。之所以是倒 U 形的关系是因为知识多样性在增加探索式知识组合的可能性的同时会带来吸收能力的下降，两种作用综合的结果就是倒 U 形的关系。因此，我们认为知识多样性对知识组合行为有非线性的影响。一方面，知识多样性增加会提高知识组合的可能性，使得探索式知识组合行为发生的可能性增加；另一方面，知识多样性程度高意味着发明者更可能陷入认知迷局，反而会影响探索式知识组合发生的可能，知识多样性的两方面作用最终可能对知识组合行为产生非线性的影响。因此，本研究提出假设 11。

假设 11：知识多样性会对知识组合行为产生非线性的影响。

(2) 知识依赖度对知识组合行为的影响

如果知识单元之间的依赖度非常高，即知识单元之间的连接关系非常强，那么探索式知识组合将会面临非常高的壁垒，因为打破现有知识单元之间的连接非常困难，接受新知识进行组合的可能性随着知识单元之间依赖度的增加而降低(Yayavaram et al.，2008)。我国学者朱亚萍(2014)认为知识的专门化对探索式创新有负面影响。专门化程度较高的知识，其应用往往集中在某类技术领域，与外部知识的差异较大，会因为路径依赖而陷入能力陷阱，从而限制与外部知识的整合，降低了进行探索式创新的可能性。Fleming 和 Sorenson(2004)认为，当知识之间的独立性比较高的时候，产生新颖的知识组合相对比较容易。而当知识间的耦合性非常高的时候，知识组合是一项非常艰巨的任务。同时，从路径依赖的角度来讲，知识单元之间的依赖关系越强，意味着知识的路径依赖性越强，进行探索式知识组合的难度非常大(申恩平 等，2011；谢洪明 等，2008；谢洪明 等，2006)。但是当知识单元之间完全不依赖的时候，意味着知识单元之间的共性知识减少，吸收能力将会成为阻碍知识组合过程的核心要素(Fleming et al.，2001，2004；Grant，1996b；Yayavaram et al.，2008)。可以认为，知识依赖度高一方面意味着知识单元之间的共性知识较大，知识组合的容易程度增加；另一方面意味着知识单元的同质化程度较高，限制了探索式知识组合行为。因此，本研究提出假设 12。

假设 12：知识依赖度会对知识组合行为产生非线性的影响。

(3) 知识熟悉度对知识组合行为的影响

March(1991)认为知识创造的过程是进行本地和外地搜索的过程。知识的熟悉度越高,搜索越倾向于本地搜索,即开发式的知识组合;知识的熟悉度越低,搜索越倾向于外地搜索,组合更倾向于探索式的知识组合。在March(1991)研究的基础上,Tzabbar等人(2013)提出,对合作者的知识熟悉度越高,越倾向于在现有知识的基础上进行开发式利用,知识熟悉度越高创新活动越容易陷入路径依赖,阻碍了新的技术路径的探索;相反地,如果对合作伙伴不熟悉,则知识组合更可能是探索式的,从而开辟新的技术路径。根据Freeman和Soete(1997)的观点,发明者对已有的知识越熟悉,创新越倾向于开发式的而非探索式的。Phelps(2010)认为知识组合过程也是知识搜索的过程,同时搜索过程具有惯性。当发明者对知识的熟悉度较高的时候,往往在现有的范围内进行搜索,知识组合往往是基于现有知识的开发;当进行组合的知识是不熟悉的知识的时候,知识组合为新颖的知识组合的可能性会更高。同样地,Fleming(2001)也认为当发明者对知识的熟悉度较高的时候,知识组合是开发式的。相反地,如果发明者对知识的熟悉度较低,往往会产生探索式的知识组合。Ahuja和Lampert(2001)认为,发明者对某些知识的熟悉度越高,意味着他在该领域的能力越强,通过现有知识的利用更容易获得回报,进行更新的探索的意愿便会降低。Al-Laham等人(2011)指出,随着团队成员对知识的熟悉度增加,会陷入对现有能力和流程的依赖,不愿意从事探索活动,产生新颖的知识组合的能力会退化。因此,本研究提出假设13。

假设13:知识熟悉度会对知识组合行为产生显著的负向影响。

4.3 知识组合行为与创新绩效的关系

Strumsky和Lobo(2015)根据分类号将知识组合划分为四类:原始组合、新颖知识组合、一般知识组合和强化组合,并利用给USPTO的专利数据进行统计分析,基于专利权利声明数的ANOVA分析结果表明不同类型知识组合的权利声明数的均值存在显著差异。基于专利前向引用数(该专利被其他专利引用的次数)的ANOVA分析结果表明不同类型知识组合的被引用频次是有显著差异的,且基于新知识和旧知识的组合的被引用频次的均值最大。Uzzi等人(2013)对期刊文献的分析结果表明那些组合了新知识和旧知识的文献被引用的次数是其他期刊的两倍之多。根据 March(1991)对探索式和开发式的定义,探索式知识组合的过程是高度不确定的,具有较高的风险,知识组合的目的是产生与现有知识不同的新知识,以此来提高创新绩效;而开发式的知识组合过程具有低风险的特点,知识组合的结果是产生对现有知识和能力的改进和完善,以此来提高创新绩效。因此,探索式知识组合和开发式知识组合通过不同的机制对创新绩效产生促进作用(戎彦珍,2016)。因此,本研究提出假设 14 和假设 15。

假设 14:探索式知识组合行为对专利新颖性有显著的正向影响。

假设 15:探索式知识组合行为对专利有用性有显著的正向影响。

4.4 知识组合行为的非线性中介效应

如前文所述,知识特征通过知识组合行为影响专利质量存在两种机制:组织能力和组织惯例。

根据知识基础观,多样性的知识是组织能力的重要来源。因此,组织能力解释了知识多样性如何通过影响知识组合行为作用于创新绩效。谢洪明和吴隆增(2006)认为知识特征决定了知识整合的方式,从而影响知识整合的效果,并基于此构建了知识特征→知识整合方式→知识整合绩效的关系模型。其中,知识特征通过影响知识整合的能力影响知识整合方式,进一步影响知识整合绩效。实际上他们的模型仅限于探讨知识特征如何通过影响知识组合能力来影响知识组合行为的程度,并不涉及对创新绩效的影响,因为知识组合的程度不能与创新绩效直接画等号。紧接着,谢洪明和吴溯等人(2008)对上述模型进一步完善,建立了组合能力、组合效果和技术创新关系模型,从而搭建了知识特征→组合行为→创新绩效的完整的关系模型。申恩平和廖粲(2011)认为知识特征通过影响知识组合过程中的社会化能力、系统化能力和协调能力影响知识组合行为,进一步影响创新绩效。

从路径依赖的角度,知识特征会影响组合行为进而影响创新绩效。知识依赖度反映了知识之间的紧密联系程度,知识单元间的依赖度越高,意味着知识的路径依赖性越强,知识的可延展性越差(Grant,1996b)。同时知识熟悉度会通过强化组织惯例和个人思维定式从而强化路径依赖。朱亚萍(2014)认为知识多样性可能通过降低路径依赖而避免企业陷入路径依赖陷阱。她认为,如果知识集中于某个领域,那么会加强技术创新过程的路径依赖程度,组织刚性会对知识组合产生负面的影响,企业会倾向于在现有的知识领域内进行开发式的知识组合,降低外部探索的意愿。也就是说,知识的多样性特征会因为路径依赖对知识组合的行为产生影响,从而影响创新绩效。Teece 等人(1997)认为知识组合行为会受以往的经验和范式的影响,遵循固定的路径和模式。因此,本研究认为,知识多样性、知识依赖度和知识熟悉度增加,一方面会提升知识组合的能力,另一方面会因为路径依赖限制探索式知识组合行为,因此知识特征对知识组合行为有非线性的影响。赵琳和谢永珍(2013)认为在存在中介效应的模型 $X \to M \to Y$ 中,如果解释变量 X 对中介变量 M 存在非线性影响,并且(或)中介变量 M 对因变量 Y 存在非线性的影响,即认为 M 在 $X \to Y$ 中存在非线性中介效应。因此,本研究提出假设16a、假设 16b、假设 16c、假设 17a、假设 17b 和假设 17c。

假设 16a:知识组合行为在知识多样性与专利新颖性之间起着非线性的中介作用。

假设 16b:知识组合行为在知识依赖度和专利新颖性之间起着非线性的中介作用。

假设 16c:知识组合行为在知识熟悉度和专利新颖性之间起着线性的中介作用。

假设 17a:知识组合行为在知识多样性与专利有用性之间起着非线性的中介作用。

假设 17b:知识组合行为在知识依赖度和专利有用性之间起着非线性的中介作用。

假设 17c:知识组合行为在知识熟悉度和专利有用性之间起着线性的中介作用。

4.5 本章小结

本章通过严密的理论推演,针对知识特征对知识组合行为和创新绩效、知识组合行为对创新绩效以及知识组合行为的中介效应分别提出了研究假设。对理论模型进一步细化，如图 4.1 所示。

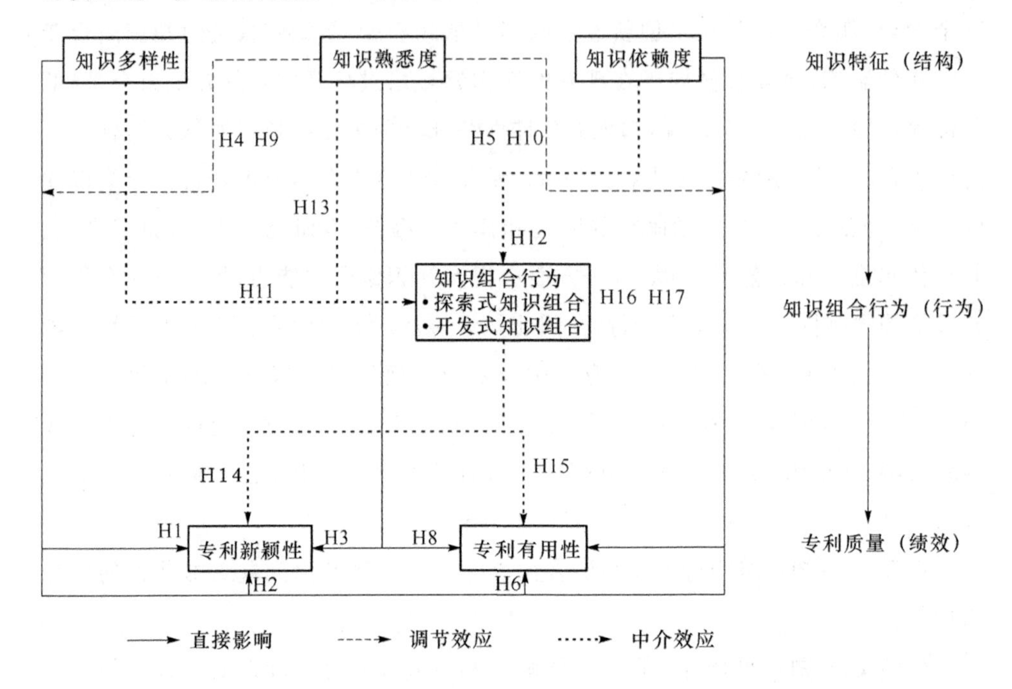

图 4.1 “知识特征→知识组合行为→创新绩效”理论框架及假设

其中假设 1、假设 2、假设 3 分别是关于知识特征的三个方面对专利新颖性的影响的假设；假设 4、假设 5 是关于知识熟悉度分别在知识多样性、知识依赖度和专利新颖性之间关系的调节作用的假设；假设 6、假设 7、假设 8 是关于知识特征的三个方面对专利有用性的影响的假设；假设 9 和假设 10 是关于知识熟悉度分别在知识多样性、知识依赖度和专利有用性之间关系的调节作用的假设。紧接着，为了检验知识组合行为的中介效应，分别对“知识特征→知识组合行为→专利质量”进行分阶段理论推演并提出假设，包括：假设 11、假设 12、假设 13 是关于知识特征对知识组合行为的影响的假设；假设 14、假设 15 是关于知识组合行为分别对专利新颖性和专利有用性的假设；假设 16、假设 17 是同时纳入自变量和中介变量之后，对专利质量影响的关于中介效应的假设。本研究所涉及的所有假设总结如表 4.1 所示。

表 4.1 研究假设汇总

研究问题	研究假设
知识特征对专利新颖性的直接影响	假设1:知识多样性对专利新颖性有倒U形的影响
	假设2:知识依赖度对专利新颖性有倒U形的影响
	假设3:知识熟悉度对专利新颖性的影响为负
知识熟悉度的调节作用(专利新颖性)	假设4:知识熟悉度对知识多样性和专利新颖性的倒U形关系有反向的调节作用
	假设5:知识熟悉度对知识依赖度和专利新颖性的倒U形关系有正向的调节作用
知识特征对专利有用性的直接影响	假设6:知识多样性对专利有用性有倒U形的影响
	假设7:知识依赖度对专利有用性有倒U形的影响
	假设8:知识熟悉度对专利有用性的影响为负
知识熟悉度的调节作用(专利有用性)	假设9:知识熟悉度对知识多样性和专利有用性的倒U形关系有反向的调节作用
	假设10:知识熟悉度对知识依赖度和专利有用性的倒U形关系有正向的调节作用
知识特征对知识组合行为的影响	假设11:知识多样性会对知识组合行为产生非线性的影响
	假设12:知识依赖度会对知识组合行为产生非线性的影响
	假设13:知识熟悉度会对知识组合行为产生显著的负向影响
知识组合行为对创新绩效的影响	假设14:探索式知识组合行为对专利新颖性有显著的正向影响
	假设15:探索式知识组合行为对专利有用性有显著的正向影响
知识组合行为的中介效应	假设16a:知识组合行为在知识多样性与专利新颖性之间起着非线性的中介作用
	假设16b:知识组合行为在知识依赖度和专利新颖性之间起着非线性的中介作用
	假设16c:知识组合行为在知识熟悉度和专利新颖性之间起着线性的中介作用
	假设17a:知识组合行为在知识多样性与专利有用性之间起着非线性的中介作用
	假设17b:知识组合行为在知识依赖度和专利有用性之间起着非线性的中介作用
	假设17c:知识组合行为在知识熟悉度和专利有用性之间起着线性的中介作用

第5章　研究设计

5.1　数据收集

为了对假设进行检验，我们搜集了在USPTO申请并获得授权的纳米技术领域的专利数据。众所周知，专利数据在衡量技术创新方面存在不足，使得专利数据并不能完全、真实地反映技术创新活动。一方面专利申请意味着公开技术信息，企业或个人有可能出于商业秘密保护的目的而不会将其技术发现进行专利申请；另一方面并不是每一项专利都具有商业创新价值。此外，专利数据另外一个十分显著的特点是时滞性，从专利申请到公开到授权以至获得引用都是有时间滞后性的，这种滞后性会直接影响专利分析的结果。另外，企业的创新活动是多种要素交互影响的结果，单纯的专利分析很难准确地对其进行反映。

尽管专利数据存在着诸多不足，但是专利数据依然在技术创新领域知名学者的研究和顶级期刊的文章发表中被广泛使用。本研究通过多种途径降低专利数据的这种固有缺陷对研究结果的影响。首先，本研究选择的是纳米行业的专利数据，纳米行业被认为是专利申请倾向较高的，也就是说纳米技术相关的企业他们更愿意通过申请专利来进行知识产权保护。其次，本研究选取的是在美国申请的纳米技术专利，美国是世界范围内知识产权保护制度相对比较完善的国家，且从世界主要知识产权局的纳米技术专利申请情况的比较来看，在美国申请的纳米技术专利数量一直远远大于其他知识产权局的申请量（Huang et al.，2003；Huang et al.，2004；Maine et al.，2014）。除此以外，专利数据独特的优势也使得固有的不足得以弱化。知识单元是知识组合研究中十分重要的分析单元，专利的分类号常被看作是某一特定的知识、技术的反映，因此学者们常将专利分类号来对知识单元进行近似(Fleming et al.，2007；Fleming et al.，2001，2004；Strumsky et al.，2015；Yayavaram et al.，2008)，这是专利数据能提供的、其他类型的数据不具备的独特优势，是专利分类体系的固有设计决定的。

专利分类顾名思义是将专利根据特定的技术主题进行划分并赋予每一个主题唯一的分类号。目前，国际上常用的分类方法有三种，国际专利分类法(IPC)、美国专利分类法(USPC)和联合专利分类法。IPC是根据1971年签订的《国际专利分类的斯特拉堡协定》编制的，是目前唯一国际通用的专利文献分类和检索工具。联合专利分类法是美国专利商标局和欧洲知识产权局于2010年开始联合开发的专利分类体系，该分类方法依照IPC的标准和结果进行开发。USPC是美国专利商标局的专利分类方法，最早出现于1830年，是目前世界上历史最悠久的专利分类系统。与CPC和IPC相比，USPC是基于技术的自下而上分类方法，而CPC和IPC则采用的是基于产业的自上而下的分类方法。现有的USPC分类号由一个主分类号和一个次分类号共同组成，现有的USPC体系包括了超过474个主分类号和25 000个次分类号，并由此组成了超过160 000个唯一的分类号。且USPC分类表每个月都会进行修订，实时跟踪技术发展的动态。随着技术的发展，USPC会增加或删减分类号，抑或进行重新分类。总体来说，通过以上方法，可以尽可能降低或者削弱专利数据的不足对本研究的影响。

如前文所述，本研究选取的是①在美国申请的并②获得授权的③纳米技术领域的专利数据。为了适应纳米技术的发展，美国专利商标局推出了纳米技术专属分类——977主分类号，同时将977主分类定义为：纳米结构和纳米结构的化学合成物；包括至少一种纳米结构的器件；数学算法，例如计算机软件等，尤指对于纳米结构的构造或性能的建模；制造、检测、分析、处理纳米结构的方法和纳米结构的应用。该主分类号又包括464个次分类号。通过patsnap数据库，检索了主分类号为977的纳米技术专利。第一个纳米技术相关的专利出现于1972年，专利号#3896814。同时考虑到专利审批的时间滞后性以及专利前向引用信息的获取，预留了5年的时间，选取的样本的时间跨度从1972年到2010年12月31日(申请日)，最终获得了9 328条纳米技术的授权专利。专利数据包含的信息有专利文献的标题、专利的申请信息、专利的公开信息、发明者信息、联合申请人信息、专利的优先权信息、专利的引用信息、专利的分类信息等。

5.2 变量选取及测量

5.2.1 因变量

专利的新颖性和专利的有用性是不同角度对专利质量的衡量。新颖性侧重于反映该专利与已有专利的不同的程度;而有用性则侧重于该专利对之后的专利的影响。新颖程度高的专利并不意味着其社会价值和技术有用性同样大(Strumsky et al.,2015)。因此,本研究的因变量同时包括专利新颖性和专利有用性。

(1) 专利新颖性。新颖性是一个衡量专利质量的非常重要的特征。Achilladelis等人(1990)根据一个专利所在领域的已有专利数量来衡量该专利的新颖程度,如果该专利所在领域内的专利数量比较少,那么该专利的新颖程度就比较高。类似的做法还出现在 Andersen(1999)和 Haupt 等人(2007)的研究中。这种衡量方法最大的问题在于多和少的界定,且不同领域的差异很大,多少的对比非常主观且容易产生偏差。利用一个专利引用其他专利的情况来判断该专利的新颖程度也是比较常见的做法。Ahuja 和 Lampert(2001)用专利的后向引用数衡量其新颖性,如果一个专利没有后向引用,那么说明该专利是原始发明专利。Dahlin 和 Behrens(2005)采用两种方式衡量专利的新颖性程度:①如果一个专利被引用的次数越多,说明该专利的新颖性程度越高;②专利后向引用的分类号的大类与该专利的大类的不同的程度,即后向引用的大类与本专利的大类的重叠程度越低,那么新颖性越高;重叠程度越高,新颖性越低。第一种衡量方式是基于专利的前向引用的,第二种衡量方法是基于专利的后向引用的。Schoenmaker 和 Duysters(2010)通过后向引用数衡量一个专利的颠覆性程度,引用其他专利的数量越少,说明该专利的颠覆性程度越高。同样,Shane(2001)根据后向引用的专利的分类号所从属的大类号的个数来判断该专利的颠覆性程度。虽然通过一个专利引用其他专利的情况来反映该专利的新颖度的做法非常普遍和常见,但是不得不承认,这种方法存在很大的局限。一方面,专利的后向引用信息有很大一部分是审查者添加的,无论是审查者还是发明者,都无法克服其认知局限,因此专利的后向引用信息只能部分反映当下的技术发展状况；另一方面，发明者可能出于个人意愿或者公司的战略选择而不进行或者少汇报专利的后向引用信息，而有些时候审查者也不会对此进行纠正（Naiberg，2003）。因此通过后向引用信息反映发明新颖性也容易产生较大误差。权利声明数也是常用的反映发明新颖性的指标，专利的权利声明反映了该专利所在的技术领域内不曾被知晓的知识（Beaudry et al.，2011）。在以往的研究中，有的学者会将独立权利声明和非独立权利声明区分开，但是 Xiao（2015）认为独立权利声明和非独立权利声明共同对新颖性进行衡量的方法才更为恰当。当然，以权利声明的个数来衡量发明新颖性也有缺陷，Lanjouw 和 Schankerman（2001）认为权利声明数是与技术领域、所属国家和时间高度相关的。比如医疗健康、化学领域的专利往往拥有更多的权利声明数，美国的专利比其他知识产权局的专利拥有更多的权利声明数，且单个专利的权利声明数有随着时间增加的趋势。但是本研究的样本不存在技术领域和国别的差异，因此本研究采用权利声明数来对发明的新颖性进行测度。

（2）专利有用性。在现有文献中，学者们通常以专利的前向引用数来衡量发明的有用性（Fleming，2001；Yayavaram et al.，2008）。文献计量学的研究已经反复证明了专利的前向引用与专利的技术重要程度和其价值之间的关系（Albert et al.，1991；Christensen，2000；Fleming，2001）。即一个专利被之后的专利引用的次数越多，那么说明该专利的技术重要性和价值也越大，而且通过专利的前向引用来反映专利的有用性是学者们比较公认的做法。本研究也采用该方法对发明有用性进行测度和衡量。

5.2.2 中介变量

本研究的中介变量为知识组合行为。已有文献中没有与知识组合行为直接相关的度量方法，Carnabuci 和 Operti（2013）对知识组合的划分与本研究比较类似。他们将知识组合划分为重组型创造和重组型再使用。重组型再使用的计算方法是以两两分类号为单位，计算在特定的时间内所有两两分类号被反复使用的次数之和；重组型创造的计算方法是过去 5 年内首次使用分类号形成的两两配对数与过去 5 年内该公司所有两两配对数的比值。Strumsky 和 Lobo（2015）则通过分类号以及两两配对的新颖程度对知识组合进行分类。根据 USPTO 的专利分类体系，一个新的分类号的出现即标志着一种新的知识出现，一个新的分类号的两两组合出现标志着一个新的组合产生，据此将知识组合分为四类。

① 原始组合是指专利的所有分类号都是首次出现，即该发明专利是所有新的知识组合产生的，这种发明往往出现在技术发展的早期。

② 新颖组合是指分类号中同时有旧的分类号和新的分类号，这类组合是基于现有知识和新知识的组合。

③ 一般组合是指所有的分类号都是旧的，但是存在新的分类号的两两组合，这类组合是将已有的但是在此之前没有连接关系的知识组合起来而产生的。

④ 强化组合中，所有的分类号和分类号的两两组合都是已经存在的，该组合的产生仅仅是改变了知识的连接方式，是对现有组合的强化。

与 Strumsky 的分类方法类似，Xiao(2015)根据组合产生的方式将其分为三类：第一类是因为新知识增加而产生的组合，第二类是因为新知识减少产生的组合，第三类是保持知识单元的内容不变，知识单元之间连接方式的改变而产生的组合。

Henderson 和 Clark(1990)将创新过程中的知识分为与核心部件相关的知识(部件知识)以及与核心部件的连接方式相关的知识(架构知识)，基于不同知识类型的改变，他们将创新分为四类：渐进式创新、模块化创新、架构式创新和颠覆式创新。其中，渐进式创新是指知识部件之间的连接关系未发生改变，知识对核心知识部件的细微改进；同样保持知识部件的连接方式不变，对知识部件进行颠覆性的改变的创新为模块化创新；知识部件发生细微改进，同时知识部件之间的连接方式发生改变，这样的创新即为架构式创新；如果知识部件和知识部件之间的连接方式都发生颠覆性的变化，这样的创新即为颠覆式创新。结合 Henderson 和 Clark(1990)关于知识的划分，以及 Strumsky 和 Lobo 对知识组合过程的分类方法，本研究将知识组合过程分为两类：探索式知识组合和开发式知识组合。

当一个专利的分类号中，存在新的分类号，那么该专利是基于新旧知识的探索式的组合产生的；当一个专利的分类号中，所有的分类号都是旧的分类号，那么该专利是基于旧知识之间连接关系改变的开发式的知识组合而产生的。知识组合行为作为中介变量，是一个二值变量。探索式知识组合取值为 1，开发式知识组合取值为 0。

5.2.3 自变量

(1) 知识多样性。知识多样性是影响知识组合的关键因素(Argyres et al.,2004;Jaffe et al.,2002),知识多样性增加意味着专利所涉及的领域增多。一方面,多样性的知识会带来更多组合的可能性,会使得发明新颖性的程度增加;另一方面,由于涉及的知识领域多,那么被使用的可能性也就越多。知识多样性衡量的是进行组合的知识单元的多样化程度。在以往的研究中,关于知识多样性有不同的衡量方法。总体来说,关于知识多样性的衡量可以分为间接方法和直接方法。间接方法多通过衡量发明者、合作企业的多样性来对知识多样性进行近似。比如,Parkhe(1991)认为联盟合作者之间的特征差异是知识多样性的表现。Taylor 和 Greve(2006)用团队成员的工作经历来衡量团队知识的多样性。在对外直接投资的研究中,Zhang 等人(2010)对多样性的衡量采用的是企业所属国籍的多样性。项丽瑶用两个变量来衡量知识资源的多样性:知识多样性和研究者多样性,且每个变量都包含三个维度。发明者是知识的承载者和使用者,是创新活动的中坚力量,基于这个常识,Carnabuci 和 Operti(2013)用发明者在不同技术领域的分布情况来计算知识的多样性。公司 i 的知识多样性 $= \sum_{j=1}^{N} P_j \times \ln\left(\frac{1}{P_j}\right)$,其中 P_j 为过去三年内在知识领域 j 有专利申请的发明者所占发明者总数的比例;N 为公司 i 所有的知识领域的个数。Carnabuci 和 Operti 的衡量方法与知识多样性直接衡量法的原理基本类似,都是通过测度知识的分布来对知识多样性进行计算。比如,Cecere 和 Ozman(2014)用 Blau Index 计算知识的多样性,通过专利的知识在不同领域的分布情况来对知识的多样性进行测度。计算方法为:$DIV_i = 1 - \sum_{k} q_{ik}^2$,其中 q_{ik} 表示专利 i 的所有分类号中属于主分类号 k 的比例。这种直接测度的方法更符合本研究,因此本研究就采用这种方法对知识多样性进行测度。为了对知识多样性的计算方法进行更加清楚的认识,本研究以专利号为 8920688 和 8906256 的两个专利为例进行说明。专利 A 和专利 B 均拥有 8 个分类号,即它们都是由相同个数的知识单元组合而成的,但是知识单元在不同知识领域的分布情况不同,它们的知识多样性也不同(如表 5.1 所示)。

表 5.1 知识多样性计算示例

专利号	分类号	所属的主分类	知识多样性
892060038（专利 A）	2525216,2525181,25251914,423299,977773,977810,977813,977901	252(3),423(1),977(4)	$1-\left(\frac{3}{8}\right)^2-\left(\frac{1}{8}\right)^2-\left(\frac{4}{8}\right)^2$ $=0.59375$
8906256（专利 B）	25218312,20415743,20415744,25218212,5218313,977786,977810,977895	252(2),204(2),521(1),977(3)	$1-\left(\frac{2}{8}\right)^2-\left(\frac{2}{8}\right)^2-\left(\frac{1}{8}\right)^2-\left(\frac{3}{8}\right)^2$ $=0.71875$

(2) 知识依赖度。知识依赖度衡量的是一个知识单元对其他知识单元的依赖程度，即一个知识单元是否可以与多个知识单元进行组合。Fleming 和 Sorenson 采用两步法对知识依赖度进行衡量。

首先，计算专利 i 的每个知识单元 j 的依赖度，即知识单元与其他知识单元进行组合的容易程度。具体地，专利 i 有 N 个分类号，代表该专利是由 N 个知识单元组合而成的。分类号 j 的依赖度由与该分类号进行组合的分类号个数和所有使用了该分类号的专利个数共同确定，即

$$\begin{aligned}\text{知识单元 } j \text{ 的依赖度} &= \text{IND}_j \\ &= 1-\frac{\text{专利 } i \text{ 申请日之前，所有与分类号 } j \text{ 进行组合的分类号的个数}}{\text{专利 } i \text{ 申请日之前，分类号中包含 } j \text{ 的专利的个数}}\end{aligned}$$

其次，在求得每个知识单元的依赖度后，通过加权平均对整个专利的知识依赖度进行计算：

$$\text{专利 } i \text{ 的知识依赖度} = \frac{\sum_{j=1}^{N} \text{IND}_j}{N}$$

这种计算方法同时考虑了专利所在的不同技术领域的差异，但是本研究只涉及纳米技术一个领域（大类号为 977），因此在 Fleming 和 Sorenson 计算方法的基础上进行微调，来对专利的知识依赖度进行度量。

$$\text{专利 } i \text{ 的知识依赖度} = \sum_{j=1}^{N} \frac{1}{\text{申请日期早于专利 } i \text{ 的那些专利中，与分类号 } j \text{ 共现的那些分类号的个数}}$$

(3) 知识熟悉度。Fleming(2001)关于知识熟悉度的测量方法在之后的研究中被广泛使用(Kaplan et al.,2015;Zheng et al.,2015)。根据Fleming的观点,知识熟悉度是一个时间的概念,一个知识单元 j 被使用的次数越多,意味着对该知识的熟悉程度越高。当然随着时间的推移知识可能被遗忘,所以存在一个时间效应。一个知识被使用的频率越高,或者该知识在最近的发明中出现过,发明者对该知识的熟悉程度可能越高。对专利 i 的知识熟悉度的计算应分为两步。专利 i 有 N 个专利分类号,即 N 个知识单元,那么计算步骤应为:首先,计算对单个分类号 j 的熟悉度 f_j:

$$\text{分类号 } j \text{ 的熟悉度} = f_j = \sum_{k=1}^{K} 1 \times e^{-\frac{(\text{专利}i\text{的申请时间}-\text{专利}k\text{的授权时间})}{5\text{年}}}$$

其中 K 表示授权日期早于专利 i 的申请日期的专利 k 的个数。

其次,根据每个分类号 j 的熟悉度进行算术平均,计算对于专利 i 而言其知识的熟悉度 F_i:

$$\text{专利 } i \text{ 的知识熟悉度} = F_i = \frac{\sum_{j=1}^{N} f_j}{N}$$

5.2.4 控制变量

除了自变量之外,本研究增加了控制变量以消除它们可能对因变量产生的影响。首先,控制了发明者的情况。研究表明,发明者个数越多意味着创新过程中可以利用的知识越多,进而会增加该发明被引用的次数。与发明者类似,联合申请人的个数越多,代表着知识的多样化程度越高,产生新组合的可能性越高,会带来更多的引用。同时,专利分类号数越多意味着进行组合的知识越丰富,发明的新颖性程度也可能会越高。基于此,本研究控制了发明者个数和分类号个数。专利的后向引用信息即一个专利引用其他专利的信息也是一个影响知识组合的十分重要的因素。一方面,专利的后向引用信息反映了发明者的一些行为倾向;另一方面,专利的后向引用信息可以反映该专利所在领域的成熟度(Xiao,2015)。专利的年龄也是本研究控制的因素,因为专利的前向引用信息是随着时间的推移不断增加的,因此要对专利的年龄进行控制。

本研究所涉及的因变量、自变量、中介变量、控制变量及测量方式汇总如

表 5.2 所示。

表 5.2　变量汇总

变量类型	变量名	变量描述	变量测量
因变量	专利新颖性	与现有技术相比,该专利的新颖程度	专利权利声明的个数
	专利有用性	专利对后续技术发展的重要性	该专利被引次数
自变量	知识多样性	知识单元在不同技术领域的分布	$1-p_i^2$,p_i 表示属于第 i 个大类的分类号个数占该专利总的分类号个数的比例
	知识依赖度	知识可组合的灵活性和难易程度	能与该分类号进行组合的分类号的个数
	知识熟悉度	发明者对知识的熟悉程度	通过时间尺度和使用次数来衡量
中介变量	知识组合行为	知识组合行为	0—开发式的知识组合; 1—探索式的知识组合
控制变量	申请人个数	联合申请人的个数	联合申请人的个数
	发明人个数	发明人的个数	发明人的个数
	分类号个数	分类号的个数	分类号的个数
	后向引用数	发明所在领域的技术成熟度	专利引用其他专利的个数
	专利年龄	专利的年龄	该专利授权至今的年限

5.3　回归模型选择

根据理论假设,对因变量——专利新颖性和专利有用性以及中介效应分别建立回归模型。

5.3.1　因变量为专利新颖性的模型

专利新颖性是由专利的权利声明数测量的,是一个计数变量。因此考虑使用泊松回归或者负二项回归。泊松回归实际上是负二项回归的特殊形式。负二项回归的基本原理是对事件发生的概率进行预测。负二项回归的一般表达式为

$$P(Y=y_i \mid x_i)=\int_0^{\infty}\frac{\mathrm{e}^{-u_i v_i}(u_i v_i)^{y_i}}{y_i!}g(v_i)\mathrm{d}v_i$$

条件期望函数的表达式为

$$E(y_i|x_i)=\lambda_i=\exp(x_i'\beta)\cdot\exp(\varepsilon_i)\equiv u_i v_i$$

其中，λ_i 为泊松到达率，表示事件发生的概率，由自变量 x_i 所决定。

对条件期望函数求对数，有

$$\ln\lambda_i=x_i'\beta+\varepsilon_i$$

基于负二项回归的基本原理，对专利新颖性因变量建立模型：

$$\begin{aligned}\ln(\text{新颖性})=&\alpha+\beta_1\times\text{知识多样性}+\beta_2\times\text{知识多样性}^2+\beta_3\times\text{知识依赖度}+\\&\beta_4\times\text{知识依赖度}^2+\beta_5\times\text{知识熟悉度}+\beta_6\times\text{申请人个数}+\\&\beta_7\times\text{发明者个数}+\beta_8\times\text{分类号个数}+\beta_9\times\text{后向引用数}+\\&\beta_{10}\times\text{专利年龄}+\varepsilon\end{aligned}$$

5.3.2 因变量为专利有用性的模型

因变量专利有用性也是个计数变量，考虑使用泊松回归或者负二项回归对理论假设进行检验。同样根据负二项回归的基本原理，建立专利有用性的估计模型：

$$\begin{aligned}\ln(\text{有用性})=&\alpha+\beta_1\times\text{知识多样性}+\beta_2\times\text{知识多样性}^2+\beta_3\times\text{知识依赖度}+\\&\beta_4\times\text{知识依赖度}^2+\beta_5\times\text{知识熟悉度}+\beta_6\times\text{申请人个数}+\\&\beta_7\times\text{发明者个数}+\beta_8\times\text{分类号个数}+\beta_9\times\text{后向引用数}+\\&\beta_{10}\times\text{专利年龄}+\varepsilon\end{aligned}$$

专利有用性是用专利被引次数来度量的，含有大量的0值，考虑使用零膨胀的负二项回归模型。同时因为专利被引是一个持续时间很长的过程，因此零膨胀的负二项回归模型中的膨胀因子设定为专利年龄——从专利获得授权至数据收集时的时间长度(以“年”计)。

5.3.3 中介效应检验模型

(1) 中介变量为分类变量的中介效应检验

在检验知识组合行为的中介效应时，因为知识组合行为是显变量，因此要遵循温忠麟的方法，通过分段检验，判断各系数的显著性以及系数的正负符号来判断中介效应(或遮掩效应)是否存在(温忠麟 等，2014；温忠麟 等，2016；温忠麟 等，2004；温忠麟 等，2005)。中介效应检验的流程参见图5.1。

在阅读了大量的文献资料后，发现在涉及中介效应的模型中，自变量、中介变量和因变量通常为连续变量。但是在实际研究中，存在因变量、中介变量或自变量是分类变量的可能性。当自变量或因变量为分类或等级变量时，刘红云、温忠麟等人专门对此时中介效应的检验方法进行分析和讨论。当自变量为分类变量时，可以通过引入虚拟变量的方法来处理，其余的分析仍然遵循连续变量的中介效应检验的步骤(刘红云 等，2013；温忠麟 等，2014)。对于因变量为分类变量的情形，研究相对较少(MacKinnon et al. ，2002)。MacKinnon 等人(2007)认为当因变量为分类变量时，中介效应检验最大的问题在于不同回归模型尺度的不一致问题，但是这一问题可以通过标准化对系数进行转换予以解决(MacKinnon et al. ，2007；Winship et al. ，1983)。温忠麟和叶宝娟(2014)认为，当因变量为分类变量时，需用 Logit 回归取代线性回归，这其中会涉及不同回归系数尺度不一致的问题，可以通过回归系数的尺度转换增加系数的可比性。刘红云等人专门针对因变量为分类变量时不同中介效应检验方法结果的准确性进行比较，指出了因变量为分类变量的中介效应模型的估计方法。但是他们均没有涉及中介变量为分类变量时的检验方法和步骤。

Roos 等人(2013)检验了童年时期遭遇的不幸通过精神疾病对无家可归的影响，其中精神疾病和无家可归均是二值类别变量。针对中介变量为分类变量的模型，他们通过 Logit 回归对模型进行估计，并通过 OR 值对结果进行解释。Hagger-Johnson 等人(2011)以在性行为中是否采取保护措施为被解释变量，以个人特征为解释变量，同时引入血液中酒精浓度为中介变量检验了个人特征、饮酒对性行为中是否采取保护措施的影响。其中中介变量的测度采取的是二值判断，即血液中酒精浓度是否大于 0。针对中介变量为逻辑分类变量的情况，他们采取与 Roos 等人同样的做法，通过 Logit 回归以及 OR 值来对中介效应进行检验和判断(Hagger-Johnson et al. ，2011；Roos et al. ，2013；Ross et al. ，2006)。

总体来说，当因变量或中介变量为分类变量时，进行中介效应的检验是完全可行的，只是在检验过程中需要注意不同回归模型可能带来的尺度不一致的问题。需要通过将系数标准化来进行估计和解释。

(2) 非线性中介的检验和判断方法

根据 Hayes 和 Preacher(2010)对非线性中介效应的检验方法，如果自变量 X 对中介变量 M 存在非线性影响并且(或)中介变量 M 对被解释变量 Y 存在非线性影响，X 即可通过 M 对 Y 产生瞬间间接效应，即非线性的中介效应。但是由于 Hayes 和 Preacher 为检验非线性中介效应而开发的 SPSS 宏（MEDCURVE）没有办法针对中介变量为分类变量的模型进行估计，因此结合 Roos 和 Hayes 等人的方法，采取分段估计并通过温忠麟的估计系数判断法对中介效应进行检验和判断。关于非线性中介效应的检验，也可参考赵琳（2014）、赵琳和谢永珍（2013）的检验思路，通过判断各步骤中变量的系数是否显著来对中介效应是否存在进行判断。

在进行中介效应检验之前，首先将模型进行分段处理，将模型分为三个路径：自变量→因变量（Path C），自变量→中介变量（Path A），中介变量→因变量（Path B）。建立模型如下。

第一步：检验自变量对因变量的影响（Path C）

$$\begin{aligned}\ln(\text{发明新颖性}) = \alpha &+ \beta_1 \times \text{知识多样性} + \beta_2 \times \text{知识多样性}^2 + \beta_3 \times \text{知识依赖度} + \\ &\beta_4 \times \text{知识依赖度}^2 + \beta_5 \times \text{知识熟悉度} + \beta_6 \times \text{申请人个数} + \\ &\beta_7 \times \text{发明者个数} + \beta_8 \times \text{分类号个数} + \beta_9 \times \text{后向引用数} + \\ &\beta_{10} \times \text{专利年龄} + \varepsilon\end{aligned}$$

第二步：检验自变量对知识组合行为的影响（Path A）

$$\begin{aligned}\text{知识组合行为} = \alpha &+ \beta_1' \times \text{知识多样性} + \beta_2' \times \text{知识多样性}^2 + \beta_3' \times \text{知识依赖度} + \\ &\beta_4' \times \text{知识依赖度}^2 + \beta_5' \times \text{知识熟悉度} + \beta_6' \times \text{申请人个数} + \\ &\beta_7' \times \text{发明者个数} + \beta_8' \times \text{分类号个数} + \beta_9' \times \text{后向引用数} + \\ &\beta_{10}' \times \text{专利年龄} + \varepsilon\end{aligned}$$

第三步：检验中介变量对因变量的影响（Path B）

$$\begin{aligned}\ln(\text{发明新颖性}) = \alpha &+ \beta_1'' \times \text{知识组合行为} + \beta_2'' \times \text{申请人个数} + \beta_3'' \times \text{发明者个数} + \\ &\beta_4'' \times \text{分类号个数} + \beta_5'' \times \text{后向引用数} + \beta_6'' \times \text{专利年龄} + \varepsilon\end{aligned}$$

此外，需要同时将自变量和中介变量放入模型检验自变量和中介变量的系数及显著性，通过与分段模型进行比较进一步判断中介效应是否存在。因此，第四步建立模型如下。

第四步：检验自变量通过中介变量对因变量的影响

$$\ln(\text{发明新颖性})=\alpha+\beta'''_1\times\text{知识多样性}+\beta'''_2\times\text{知识多样性}^2+\beta'''_3\times\text{知识依赖度}+\beta'''_4\times\text{知识依赖度}^2+\beta'''_5\times\text{知识熟悉度}+\beta'''_6\times\text{知识组合行为}+\beta'''_7\times\text{申请人个数}+\beta'''_8\times\text{发明者个数}+\beta'''_9\times\text{分类号个数}+\beta'''_{10}\times\text{后向引用数}+\beta'''_{11}\times\text{专利年龄}+\varepsilon$$

因变量为专利有用性时,知识组合行为的中介效应检验采用同样的方法分四步进行检验。实际上,中介效应检验可以不必涉及行为→绩效这个关系的检验,但是因为在本研究中知识组合行为对专利质量的影响具有重要的理论意义,因此对其单独进行了检验。根据温忠麟等人(2014)的理论,中介效应的检验遵循如图 5.1 所示思路。

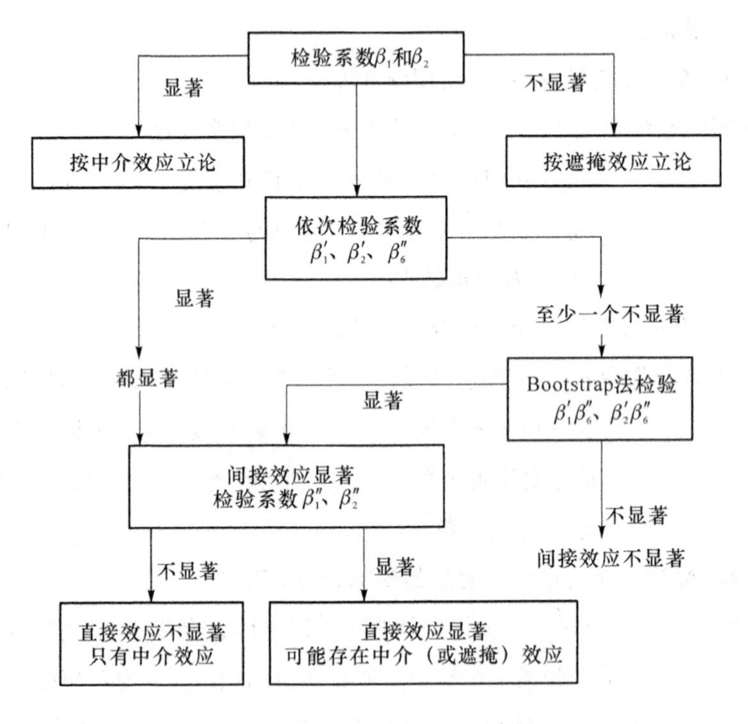

图 5.1 中介效应检验流程示意图(温忠麟 等,2014)

5.4 本章小结

根据本研究的理论框架,以及以知识单元为分析单位的特点,搜集 1972—

2010年间在USPTO申请并获得授权的纳米技术领域的专利数据。纳米技术因为高知识密集型的特点而在创新研究中得到广泛的关注,并被用来进行创新研究。在专利数据的基础上,对本研究的主要因变量——专利新颖性和专利有用性,中介变量——知识组合行为,自变量——知识多样性、知识依赖度和知识熟悉度以及控制变量进行了测量。在回归模型选择方面,由于因变量——专利新颖性和专利有用性都是计数变量,且存在过度分散的问题,因此考虑使用负二项回归对模型进行估计。同时因为专利有用性指标存在大量的0值,应考虑使用零膨胀的负二项回归进行模型估计。此外,为了检验知识特征如何通过知识组合行为影响专利质量,需要对知识组合行为的中介效应进行检验,考虑到模型中所有的变量都是显变量,根据温忠麟的中介效应检验方法,建立分段模型进行分阶段检验。同时本研究中的中介效应并非简单的线性中介效应,而是存在非线性中介,根据已有研究的处理方法,总结了本研究中介效应判断应遵循的逻辑。

第6章　实证检验

6.1　变量描述性统计与相关分析

变量的描述性统计结果如表6.1所示。其中专利新颖性变量的均值为19.66,最小值为1,最大值为296,方差为245,方差远大于均值,即存在“过度分散”的问题,因此考虑使用负二项回归对模型进行估计。专利有用性变量的均值为19.16,最小值为0,最大值为901,方差为1 591,方差远大于均值,即存在“过度分散”,应考虑使用负二项回归对模型进行估计。同时因为专利有用性的测量指标是专利的前向引用数,专利的前向引用数是随着时间不断变化的,一项专利从获得授权到大量被引用至少需要5年甚至更长的时间。而且专利被引次数分布非常不均,70%的专利在获得授权之后的5年内被引用次数不足2次,被引次数超过6次的比例仅为10%左右(Narin et al.,1988a;Narin et al.,1988b;Smith,1993)。因此,专利的前向引用变量会存在大量的0值,考虑使用零膨胀的负二项回归对模型进行估计,具体要看Vuong统计量,Vuong统计量可以反映负二项回归和零膨胀的负二项回归哪个拟合结果更优。

知识多样性理论上的取值范围为0～1,取值越大说明知识的多样化程度越高。在本研究中,知识多样性的最小值为0.04,最大值为0.893,均值为0.559。知识依赖度变量的最小值为0,最大值为4.232,均值为0.104。知识熟悉度是与各分类号共现的分类号的个数并加权平均的结果,因此知识熟悉度的取值范围为大于0的正数,在本研究中,知识熟悉度的最小值为0,最大值为151.1。除此以外,各控制变量的均值、最大值、最小值以及方差值见表6.1,不再一一解释。

表 6.1　变量描述性统计

变量编码	变量名	均值	标准差	最小值	最大值	方差
NOV	专利新颖性	19.66	15.65	1	296	245.0
USE	专利有用性	19.16	39.89	0	901	1 591
DIV	知识多样性	0.559	0.137	0.04	0.893	0.018 9
DEP	知识依赖度	0.104	0.171	0	4.232	0.029 3
FAM	知识熟悉度	15.56	17.27	0	151.1	298.2
KCB	知识组合行为	0.516 1	0.500	0	1	0.249 8
ASS	申请人个数	1.431	1.244	1	15	1.547
INV	发明者个数	3.121	1.890	1	16	3.574
SUB	分类号数	7.316	4.502	2	60	20.27
BWC	后向引用数	23.56	49.75	0	1 530	2 475
AGE	专利年龄	9.935	6.175	1.003	40.45	38.14

注：N=9 328。

此外，知识组合行为中介变量是一个二值变量，0代表知识组合行为是开发式的，1代表知识组合行为是探索式的。在9 328个样本数据中，4 514个专利数据是基于开发式的知识组合产生的；4 814个专利是基于探索式的知识组合行为产生的。且不同知识组合过程在1972—2010年间扮演的角色有所不同，如图6.1所示。在纳米技术发展的早期，因为纳米技术相关的知识比较缺乏，大部分知识组合活动都是探索式的，通过将其他领域的知识应用到纳米技术领域中来实现新知识的创造。随着技术的不断成熟，开发式的知识组合占据主流，基于已有知识的组合成为新颖性产生的重要手段，探索式的知识组合倾向开始下降。

为了避免变量之间存在多重共线性问题，首先对知识特征、知识组合行为、专利质量以及控制变量进行Pearson相关性检验，相关分析是通过分析变量之间是否存在相关关系的一种统计方法。通常来说，变量间的相关系数值在0～1之间波动。

当相关系数值大于0.8时，说明变量间的相关性比较大，应予以重视。当变量间的相关系数值小于0.3时，说明变量间的相关关系比较弱。本书采用Pearson相关系数分析变量间的相关关系。变量间的相关关系如表6.2所示。从相关系数矩阵来看，各自变量与因变量的相关关系基本符合预期。且大部分自变量的相关系数都在0.35以下，基本可以排除变量之间的多重共线性问题。

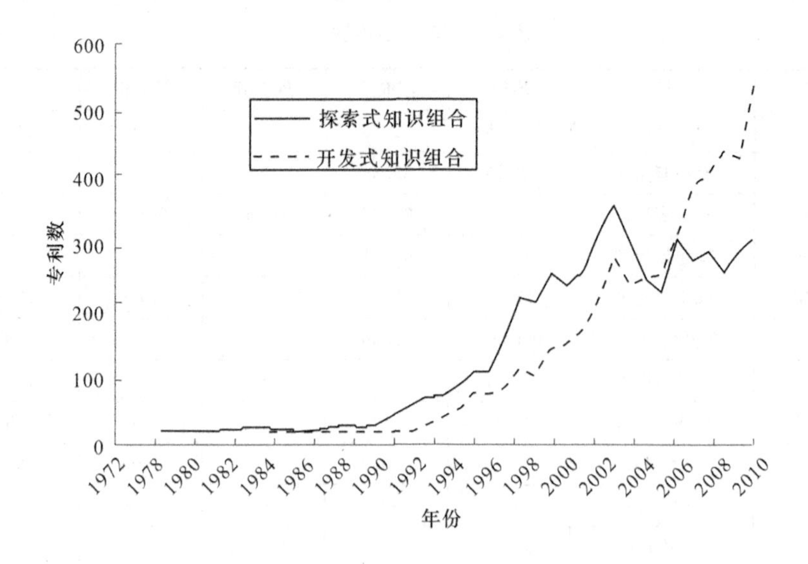

图 6.1　1972—2010 年两种知识组合行为的角色演化

表 6.2　变量的描述性统计和相关系数矩阵

变量名	1	2	3	4	5	6	7	8	9	10	11
1. NOV	1										
2. USE	0.148	1									
3. DIV	0.005 80	0.053 2	1								
4. DEP	0.039 1	0.152	0.028 9	1							
5. FAM	−0.051 0	−0.186	0.019 2	−0.266	1						
6. KCB	0.024 0	0.131 5	0.098 6	0.285 8	−0.385 1	1					
7. ASS	−0.033 4	−0.127	−0.004 00	−0.039 5	0.174	−0.073 0	1				
8. INV	0.034 4	0.012 6	−0.012 4	−0.036 8	−0.005	−0.046 4	0.225	1			
9. SUB	0.066 1	0.112	0.217	0.267	−0.243	−0.315	−0.033	0.007 4	1		
10. BWC	0.136	0.041 7	−0.010 4	−0.016 8	0.007 8	−0.024 5	0.089 1	0.064 5	0.003 40	1	
11. AGE	0.046 5	0.393	0.143	0.184	−0.293	0.234 6	−0.341	−0.088 7	0.161	−0.147	1

6.2　知识特征对专利新颖性的影响

知识特征的三个维度对专利新颖性的影响回归分析结果如表6.3所示。模型1中所有的变量均为控制变量。各控制变量对新颖性均有显著的正向影响。且模型总体的p值小于0.01,说明模型总体上是显著的。模型2、模型3、模型4分别检验了知识多样性的倒U形关系、知识依赖度的倒U形关系和知识熟悉度的负向关系。模型2中,知识多样性的一次项系数为9.679,$p<0.01$;二次项系数为-8.948, $p<0.01$;一次项系数为正,二次项系数为负,且p值均小于0.01,表明知识多样性对专利新颖性的倒U形影响通过检验,且模型总体显著($p<0.01$)。在模型3中,知识依赖度的一次项系数为0.446,$p<0.01$;二次项系数为-0.288且$p<0.01$;一次项系数为正,二次项系数为负,且p均小于0.01,表明知识依赖度对专利新颖性的倒U形影响通过检验,且模型总体显著($p<0.01$)。模型4检验了知识熟悉度对专利新颖性的负向影响,系数值为0.019 7,$p<0.01$,虽然系数显著,但是系数为正与假设方向相反,结果表明知识熟悉度对专利新颖性有显著的正向影响。因此,假设1和假设2得到支持,假设3没有得到支持。

模型5和模型6分别检验了知识熟悉度对知识多样性和专利新颖性、知识依赖度和专利新颖性之间的倒U形关系的调节作用。模型5中,知识多样性的一次项系数为9.984,$p<0.01$;二次项系数为-9.180,$p<0.01$;同时一次项交互项系数为-0.357,$p<0.01$;二次项交互项系数为0.315,$p<0.01$。这说明知识熟悉度对知识多样性和专利新颖性的倒U形关系的调节作用显著。模型6中,知识依赖度的一次项系数为1.066,$p<0.01$;二次项系数为-0.410,$p<0.01$;同时一次项交互项系数为0.055 6,$p<0.01$;二次项交互项系数为-0.091 0, $p<0.01$。这说明知识熟悉度对知识依赖度和专利新颖性的倒U形关系的调节作用显著。由此可以判断,知识熟悉度对知识多样性和专利新颖性有显著的负向调节作用,对知识依赖度和专利新颖性有显著的正向调节作用。假设4和假设5均得到支持。

表 6.3　知识特征对专利新颖性的影响回归分析(主效应和调节效应)

		因变量=专利新颖性					
		模型 1	模型 2	模型 3	模型 4	模型 5	模型 6
控制效应	ASS	0.467***	0.003 02	0.463***	0.312***	−0.005 69	0.297***
		(0.012 8)	(0.006 49)	(0.012 8)	(0.011 9)	(0.006 39)	(0.011 7)
	INV	0.205***	0.030 8***	0.205***	0.178***	0.023 9***	0.176***
		(0.005 84)	(0.003 94)	(0.005 83)	(0.005 56)	(0.003 90)	(0.005 51)
	SUB	0.086 9***	0.028 6***	0.084 6***	0.088 5***	0.023 5***	0.079 9***
		(0.002 65)	(0.001 65)	(0.002 73)	(0.002 50)	(0.001 67)	(0.002 56)
	BWC	0.005 66***	0.002 38***	0.005 62***	0.005 31***	0.002 30***	0.005 20***
		(0.000 302)	(0.000 167)	(0.000 301)	(0.000 280)	(0.000 163)	(0.000 275)
	AGE	0.095 9***	0.015 9***	0.094 7***	0.094 3***	0.013 7***	0.090 3***
		(0.001 74)	(0.001 32)	(0.001 77)	(0.001 65)	(0.001 33)	(0.001 69)
主效应	DIV		9.679***			9.984***	
			(0.096 9)			(0.116)	
	DIVsq		−8.948***			−9.180***	
			(0.118)			(0.149)	
	IND			0.446***			1.066***
				(0.093 1)			(0.112)
	INDsq			−0.288***			−0.410***
				(0.037 4)			(0.039 9)
	FAM				0.019 7***	0.096 6***	0.020 0***
					(0.000 662)	(0.006 28)	(0.000 739)
调节效应	FAM * DIV					−0.357***	
						(0.022 7)	
	FAM * DIVsq					0.315***	
						(0.020 3)	
	FAM * IND						0.055 6***
							(0.012 8)
	FAM * INDsq						−0.091 0***
							(0.012 9)
模型汇总	Log-likelihood	−40 190.547	−36 225.002	−40 171.915	−39 677.448	−36 088.697	−39 585.856
	Wald Chi2	54 354.73***	133 386.89***	54 693.65***	58 777.45***	138 376.23***	60 793.00***

注：1. * 表示 $p<0.1$，** 表示 $p<0.05$，*** 表示 $p<0.01$，$N=9\,328$。

2. 括号内为 t 值。

6.3 知识特征对专利有用性的影响

知识特征的三个维度对专利有用性的影响回归分析结果如表6.4所示。模型1中所有的变量均为控制变量。各控制变量的系数所对应的 p 值均小于0.01,说明控制变量对专利有用性的影响均显著,且模型总体的 p 值小于0.01,说明模型总体上是显著的。模型2、模型3、模型4分别检验了知识多样性的倒U形关系、知识依赖度的倒U形关系和知识熟悉度的负向关系。模型2中,知识多样性的一次项系数为2.647,$p<0.01$;二次项系数为-2.831,$p<0.01$;一次项系数为正,二次项系数为负,且 p 值均小于0.01,表明知识多样性对专利有用性的倒U形影响通过检验,且模型总体显著($p<0.01$)。在模型3中,知识依赖度的一次项系数为0.857,$p<0.01$;二次项系数为-0.237,且 $p<0.01$;一次项系数为正,二次项系数为负,且 p 均小于0.01,表明知识依赖度对专利有用性的倒U形影响通过检验,且模型总体显著($p<0.01$)。模型4检验了知识熟悉度对专利有用性的负向影响,系数值为-0.0081,$p<0.01$,系数为负且 p 值小于0.01,说明知识熟悉度对专利有用性有显著的负向影响。因此,假设6、假设7和假设8均得到支持。

模型5和模型6分别检验了知识熟悉度对知识多样性和专利有用性、知识依赖度和专利有用性之间的倒U形关系的调节作用。模型5中,知识多样性的一次项系数为3.818,$p<0.01$;二次项系数为-3.793,$p<0.01$;同时一次项交互项系数为-0.203,$p<0.01$;二次项交互项系数为0.183,$p<0.01$。这说明知识熟悉度对知识多样性和专利有用性的倒U形关系的调节作用显著,假设9得到支持。模型6中,知识依赖度的一次项系数为0.787,$p<0.01$;二次项系数为-0.209,$p<0.01$;同时一次项交互项系数为0.025 1,$p>0.1$,即一次项影响不显著;二次项交互项系数为-0.088 6,$p<0.01$。知识熟悉度对知识依赖度和专利有用性的倒U形关系的调节作用没有通过显著性检验。知识熟悉度对知识依赖度和专利有用性的正向调节作用不显著,但是从回归系数可以看出知识依赖度与专利有用性之间的倒U形关系被增强了。因此,假设10部分得到支持。

表 6.4 知识特征对专利有用性的影响回归分析(主效应和调节效应)

		因变量=专利有用性					
		模型 1	模型 2	模型 3	模型 4	模型 5	模型 6
控制效应	ASS	−0.077 7***	−0.170***	−0.081 2***	−0.031	−0.156***	−0.042 8**
		(0.019 5)	(0.018 2)	(0.019 5)	(0.021)	(0.018 3)	(0.021 0)
	INV	0.099 9***	0.071 9***	0.101***	0.106 1***	0.065 6***	0.105***
		(0.006 86)	(0.007 00)	(0.006 85)	(0.006 9)	(0.006 97)	(0.006 91)
	SUB	0.023 6***	0.020 2***	0.018 0***	0.021 7***	0.010 8***	0.016 9***
		(0.003 01)	(0.003 08)	(0.003 08)	(0.003 0)	(0.003 07)	(0.003 11)
	BWC	0.005 81***	0.004 95***	0.005 77***	0.006 0***	0.004 77***	0.005 92***
		(0.000 361)	(0.000 345)	(0.000 358)	(0.000 4)	(0.000 338)	(0.000 362)
	AGE	0.197***	0.174***	0.193***	0.199 3***	0.165***	0.196***
		(0.002 38)	(0.003 08)	(0.002 41)	(0.002 4)	(0.003 11)	(0.002 48)
主效应	DIV		2.647***			3.818***	
			(0.208)			(0.242)	
	DIVsq		−2.831***			−3.793***	
			(0.240)			(0.292)	
	IND			0.857***			0.787***
				(0.118)			(0.145)
	INDsq			−0.237***			−0.209***
				(0.046 0)			(0.053 6)
	FAM				−0.008 1***	0.040 8***	−0.007 04***
					(0.000 8)	(0.012 4)	(0.000 944)
调节效应	FAM * DIV					−0.203***	
						(0.044 5)	
	FAM * DIVsq					0.183***	
						(0.039 2)	
	FAM * IND						0.025 1
							(0.020 2)
	FAM * INDsq						−0.088 6***
							(0.034 0)
模型汇总	Log-likelihood	−31 380.41	−31 302.77	−31 352.08	−31 336.95	−31 195.28	−31 317.74
	Wald Chi2	43 793.73***	47 057.99***	44 074.67***	43 434.04***	48 086.40***	43 764.48***

注：* 表示 $p < 0.1$，** 表示 $p<0.05$，*** 表示 $p<0.01$，$N=9\,328$。

6.4 知识特征对知识组合行为的影响

知识特征对知识组合行为的实证检验结果如表6.5所示。模型1中所有的变量均为控制变量，且控制变量的系数对应的 p 值均小于0.01，说明控制变量对知识组合行为均有显著影响，且模型总体 $p<0.01$，说明模型总体是显著的。模型2和模型3检验了知识多样性对知识组合行为的非线性影响。模型3中，知识多样性的一次项系数为−6.630，$p<0.01$；二次项系数为6.287，$p<0.01$，表明知识多样性对知识组合行为有正U形的影响，假设11得到验证，即知识多样性会对知识组合行为产生非线性的影响。模型4和模型5检验了知识依赖度对知识组合行为的非线性影响。模型5中，知识依赖度的一次项系数为5.955，$p<0.01$，二次项系数为−1.327，$p<0.01$，表明知识依赖度对知识组合行为的影响是倒U形的，且显著。假设12得到支持，知识依赖度对知识组合行为产生非线性的影响。模型6检验了知识熟悉度对知识组合行为的影响，知识熟悉度的系数为−0.062，表明知识熟悉度对知识组合行为有显著的负向影响，也就是说发明者对知识越熟悉，知识组合越倾向于是开发式的知识组合；反之发明者对知识越不熟悉，知识组合越倾向于是探索式的知识组合。假设13得到支持，即知识熟悉度会对知识组合行为产生负向的影响。

表6.5 知识特征对知识组合行为的Logit回归分析

		因变量＝知识组合行为(1—探索式知识组合，0—开发式知识组合)					
		模型1	模型2	模型3	模型4	模型5	模型6
控制变量	ASS	−0.189***	−0.066 8***	0.011 1	−0.216***	−0.217***	0.040 2*
		(0.022 6)	(0.021 1)	(0.020 0)	(0.024 0)	(0.024 1)	(0.021 1)
	INV	−0.150***	−0.096 9***	−0.047 0***	−0.158***	−0.159***	−0.085 7***
		(0.011 2)	(0.011 7)	(0.012 2)	(0.011 8)	(0.011 8)	(0.011 8)
	SUB	0.114***	0.162***	0.168***	0.0804***	0.079 1***	0.135***
		(0.005 79)	(0.007 21)	(0.007 37)	(0.006 01)	(0.005 99)	(0.006 49)
	BWC	−0.001 51***	−0.000 630	0.000 138	−0.001 74***	−0.001 76***	−0.000 814
		(0.000 552)	(0.000 520)	(0.000 472)	(0.000 577)	(0.000 578)	(0.000 550)
	AGE	0.015 6***	0.047 0***	0.065 1***	0.000 377	−0.000 160	0.023 8***
		(0.003 21)	(0.003 83)	(0.004 10)	(0.003 33)	(0.003 33)	(0.003 43)

续表

		因变量=知识组合行为(1—探索式知识组合,0—开发式知识组合)					
		模型 1	模型 2	模型 3	模型 4	模型 5	模型 6
解释变量	DIV		−1.912***	−6.630***			
			(0.123)	(0.320)			
	DIVsq			6.287***			
				(0.394)			
	IND				5.417***	5.955***	
					(0.309)	(0.317)	
	INDsq					−1.327***	
						(0.101)	
	FAM						−0.062 0***
							(0.002 32)
模型汇总	Log-likelihood	−5 990.458 8	−5 857.869 3	−5 725.471 4	−5 688.709 9	−5 686.103 4	−5 251.445 5
	Pseudo Chi2	709.72***	854.25***	1 063.02***	864.06***	914.76***	1 288.40***

注：* 表示 $p<0.1$，** 表示 $p<0.05$，*** 表示 $p<0.01$，$N=9\ 328$。

6.5 知识组合行为对专利质量的影响

知识组合行为对专利质量的影响的回归分析结果如表 6.6 所示。模型 2 检验了知识组合行为对专利新颖性的影响，系数为 0.121，且 $p<0.01$，说明知识组合行为对专利新颖性有显著的正向影响，即如果知识组合是探索式的，那么专利的新颖性会更高。模型 4 检验了知识组合行为对专利有用性的影响，系数为 0.185，且 $p<0.01$，表明知识组合行为对专利有用性的影响显著且为正，即基于探索式的知识组合产生的专利的有用性更高。假设 14、假设 15 均得到实证检验支持。

表 6.6　知识组合行为对专利质量的影响

		因变量＝专利新颖性		因变量＝专利有用性	
		模型 1	模型 2	模型 3	模型 4
控制变量	ASS	0.467***	0.463***	−0.077 7***	−0.081 5***
		(0.019 0)	(0.019 0)	(0.022 7)	(0.023 0)
	INV	0.205***	0.206***	0.099 9***	0.102***
		(0.006 26)	(0.006 26)	(0.009 27)	(0.009 24)
	SUB	0.086 9***	0.081 6***	0.023 6***	0.016 6***
		(0.003 22)	(0.003 30)	(0.003 77)	(0.003 71)
	BWC	0.005 66***	0.005 64***	0.005 81***	0.005 74***
		(0.000 420)	(0.000 420)	(0.000 418)	(0.000 407)
	AGE	0.095 9***	0.093 6***	0.197***	0.193***
		(0.002 00)	(0.002 05)	(0.003 04)	(0.003 23)
中介变量	KCB		0.121***		0.185***
			(0.023 9)		(0.044 5)
模型汇总	Log-Likelihood		−40 173.114		−40 173.114
	Wald Chi2		55 188.66		55 188.66

注：* 表示 $p<0.1$，** 表示 $p<0.05$，*** 表示 $p<0.01$，$N=9\ 328$。

6.6　知识组合对知识特征和专利质量的中介作用

中介效应检验遵循温忠麟等人关于显变量的中介效应的检验方法。因变量为 Y，自变量为 X，中介变量为 M，那么中介效应的检验者可以划分为以下三个方程：

$$Y=\beta_0+cX+\varepsilon \tag{6.1}$$

$$M=\beta_1+aX+\varepsilon \tag{6.2}$$

$$Y=\beta_2+bM+c'X+\varepsilon \tag{6.3}$$

分别通过判断系数 a、b、c、c' 的显著性来判断中介效应是否存在。

考虑到本研究涉及的非线性中介效应，式(6.1)～式(6.3)变形为

$$Y=\beta_0+cX+dX^2+\varepsilon \tag{6.4}$$

$$M=\beta_1+aX+tX^2+\varepsilon \tag{6.5}$$

$$Y=\beta_2+bM+c'X+d'X^2+\varepsilon \quad (6.6)$$

因为本研究涉及非线性中介,根据以往的研究,应同时判断 a、b、c、d、t、c'、d' 的显著性(赵琳 等,2013;赵琳,2014)。

6.6.1 知识组合对知识多样性和专利质量的中介作用检验

知识组合行为对知识多样性和专利质量的中介作用分析结果如表 6.7 所示。其中,模型 1、模型 2 和模型 3 检验了知识组合行为对知识多样性和专利新颖性的中介效应。模型 1 是自变量知识多样性对因变量专利新颖性的直接影响,知识多样性的一次项系数为 9.679,二次项系数为 −8.948,且一次项和二次项系数对应的 p 值均小于 0.01,因此知识多样性对专利新颖性的直接效应是显著的。模型 2 检验了知识多样性对知识组合行为的影响,因为知识组合行为是二值变量,所以通过 Logit 回归对模型进行估计,估计结果表明知识多样性的一次项系数为 −6.630,二次项系数为 6.287,且 p 值均小于 0.01,表明知识多样性对知识组合行为有正 U 形的影响。模型 3 同时引入自变量和中介变量,自变量知识多样性的一次项系数为 9.664,二次项系数为 −8.937,且 p 值均小于 0.01,同时中介变量的系数为 0.036 2,$p<0.05$。由此可以判断,① 知识多样性对专利新颖性的直接影响显著;② 知识多样性对知识组合行为的非线性影响显著;③ 知识多样性通过知识组合行为对专利新颖性的间接影响显著。因此,知识多样性通过知识组合行为的非线性中介作用对专利新颖性产生影响。知识组合行为对知识多样性和专利新颖性的非线性中介效应成立,假设 16a 得到支持。

模型 4、模型 5 和模型 6 检验了知识组合行为对知识多样性和专利有用性的中介效应。模型 4 是自变量知识多样性对因变量专利有用性的直接影响,知识多样新性的一次项系数为 2.647,二次项系数为 −2.831,且一次项和二次项系数对应的 p 值均小于 0.01,因此知识多样性对专利有用性的直接效应是显著的。模型 5 检验了知识多样性对知识组合行为的影响,因为知识组合行为是二值变量,所以通过 Logit 回归对模型进行估计,估计结果表明知识多样性的一次项系数为 −6.630,二次项系数为 6.287,且 p 值均小于 0.01,表明知识多样性对知识组合行为有正 U 形的影响。模型 6 同时引入自变量和中介变量,自变量知识多样性的一次项系数为 2.595,二次项系数为 −2.797,且 p 值均小于 0.01,同时中介变量的系数为 0.174,$p<0.01$。由此可以判断,①知识多样性对专利有用性的直接影

响显著;②知识多样性对知识组合行为的非线性影响显著;③知识多样性通过知识组合行为对专利有用性的间接影响显著。因此,知识多样性通过知识组合行为的非线性中介作用对专利有用性产生影响。知识组合行为对知识多样性和专利有用性的非线性中介效应成立,假设 17a 得到支持。

表 6.7 知识组合对知识多样性和专利质量的中介效应

		知识多样性→知识组合行为→专利新颖性			知识多样性→知识组合行为→专利有用性		
		DIV→NOV	DIV→KCB	DIV+KCB→NOV	DIV→USE	DIV→KCB	DIV+KCB→USE
控制变量	ASS	0.003 02	0.011 1	0.002 72	−0.170***	0.011 1	−0.172***
		(0.006 42)	(0.020 0)	(0.006 42)	(0.021 9)	(0.020 0)	(0.021 9)
	INV	0.030 8***	−0.047 0***	0.031 1***	0.071 9***	−0.047 0***	0.074 0***
		(0.004 70)	(0.012 2)	(0.004 69)	(0.009 55)	(0.012 2)	(0.009 58)
	SUB	0.028 6***	0.168***	0.027 4***	0.020 2***	0.168***	0.014 1***
		(0.002 13)	(0.007 37)	(0.002 18)	(0.004 43)	(0.007 37)	(0.004 20)
	BWC	0.002 38***	0.000 138	0.002 38***	0.004 95***	0.000 138	0.004 91***
		(0.000 222)	(0.000 472)	(0.000 222)	(0.000 406)	(0.000 472)	(0.000 395)
	AGE	0.015 9***	0.065 1***	0.015 3***	0.174***	0.065 1***	0.171***
		(0.001 51)	(0.004 10)	(0.001 52)	(0.004 58)	(0.004 10)	(0.004 40)
解释变量	DIV	9.679***	−6.630***	9.664***	2.647***	−6.630***	2.595***
		(0.111)	(0.320)	(0.112)	(0.326)	(0.320)	(0.334)
	DIVsq	−8.948***	6.287***	−8.937***	−2.831***	6.287***	−2.797***
		(0.140)	(0.394)	(0.140)	(0.339)	(0.394)	(0.337)
中介变量	KCB			0.036 2**			0.174***
				(0.017 7)			(0.044 1)
模型汇总	Log-Likelihood	−36 225.002	−5 725.471 4	−36 222.228	−31 302.77	−5 725.471 4	−31 284.65
	Chi2	133 386.89***	1 063.02***	133 590.74***	25 019.04***	1 063.02***	25 639.83***

注:1. 负二项回归对应的 Chi2 统计量为 Wald Chi2,Logit 回归对应的 Chi2 统计量为 LR Chi2。

2. * 表示 $p<0.1$,** 表示 $p<0.05$,*** 表示 $p<0.01$。

6.6.2 知识组合对知识依赖度和专利质量的中介作用检验

知识组合行为对知识依赖度和专利质量的中介作用分析结果如表 6.8 所示。其中,模型 1、模型 2 和模型 3 检验了知识组合行为对知识依赖度和专利新颖性的中介效应。模型1是自变量知识依赖度对因变量专利新颖性的直接影响，知识多样性的一次项系数为0.446，二次项系数为-0.288，且一次项和二次项系数对应的p值均小于0.01，因此知识依赖度对专利新颖性的直接效应是显著的。模型2检验了知识依赖度对知识组合行为的影响，因为知识组合行为是二值变量，所以通过Logit回归对模型进行估计，估计结果表明知识多样性的一次项系数为5.955，二次项系数为-1.327，且p值均小于0.01，表明知识依赖度对知识组合行为有倒U形的影响。模型3同时引入自变量和中介变量，自变量知识依赖度的一次项系数为0.335，二次项系数为-0.257，且p值均小于0.01，同时中介变量的系数为0.108，$p<0.01$。由此可以判断，①知识依赖度对专利新颖性的直接影响显著；②知识依赖度对知识组合行为的非线性影响显著；③知识依赖度通过知识组合行为对专利新颖性的间接影响显著。因此，知识依赖度通过知识组合行为的非线性中介作用对专利新颖性产生影响。知识组合行为对知识多样性和专利新颖性的非线性中介效应成立，假设16b得到支持。

模型4、模型5和模型6检验了知识组合行为对知识依赖度和专利有用性的中介效应。模型4是自变量知识依赖度对因变量专利有用性的直接影响，知识依赖度的一次项系数为0.857，二次项系数为-0.237，且一次项和二次项系数对应的p值均小于0.01，因此知识依赖度对专利有用性的直接效应是显著的。模型5检验了知识依赖度对知识组合行为的影响，因为知识组合行为是二值变量，所以通过Logit回归对模型进行估计，估计结果表明知识依赖度的一次项系数为5.955，二次项系数为-1.327，且p值均小于0.01，表明知识依赖度对知识组合行为有显著的倒U形的影响。模型6同时引入自变量和中介变量，自变量知识依赖度的一次项系数为0.729，二次项系数为-0.200，且p值均小于0.01，同时中介变量的系数为0.143，$p<0.01$。由此可以判断，①知识依赖度对专利有用性的直接影响显著；②知识依赖度对知识组合行为的非线性影响显著；③知识依赖度通过知识组合行为对专利有用性的间接影响显著。知识依赖度通过知识组合行为的非线性中介作用对专利有用性产生影响。因此，知识组合行为对知识多样性和专利有用性的非线性中介效应成立，假设17b得到支持。

表 6.8 知识组合对知识依赖度和专利质量的中介效应

		知识依赖度→知识组合行为→专利新颖性			知识依赖度→知识组合行为→专利有用性		
		IND→NOV	IND→KCB	IND+KCB→NOV	IND→USE	IND→KCB	IND+KCB→USE
控制变量	ASS	0.463***	−0.217***	0.460***	−0.081 2***	−0.217***	−0.083 5***
		(0.018 9)	(0.024 1)	(0.018 9)	(0.022 7)	(0.024 1)	(0.023 0)
	INV	0.205***	−0.159***	0.206***	0.101***	−0.159***	0.102***
		(0.006 24)	(0.011 8)	(0.006 25)	(0.009 18)	(0.011 8)	(0.009 15)
	SUB	0.084 6***	0.079 1***	0.080 8***	0.018 0***	0.079 1***	0.013 5***
		(0.003 25)	(0.005 99)	(0.003 31)	(0.003 86)	(0.005 99)	(0.003 81)
	BWC	0.005 62***	−0.001 76***	0.005 61***	0.005 77***	−0.001 76***	0.005 72***
		(0.000 418)	(0.000 578)	(0.000 418)	(0.000 416)	(0.000 578)	(0.000 408)
	AGE	0.094 7***	−0.000 160	0.093 0***	0.193***	−0.000 160	0.190***
		(0.002 03)	(0.003 33)	(0.002 06)	(0.003 08)	(0.003 33)	(0.003 20)
解释变量	IND	0.446***	5.955***	0.335***	0.857***	5.955***	0.729***
		(0.105)	(0.317)	(0.107)	(0.140)	(0.317)	(0.144)
	INDsq	−0.288***	−1.327***	−0.257***	−0.237***	−1.327***	−0.200***
		(0.047 9)	(0.101)	(0.047 0)	(0.047 5)	(0.101)	(0.047 5)
中介变量	KCB			0.108***			0.143***
				(0.024 7)			(0.045 7)
模型汇总	Log-Likelihood	−40 171.915	−5 686.103 4	−40 158.785	−31 352.08	−5 686.1034	−31 340.31
	Chi2	54 693.65	914.76	55 382.10	21 095.43	914.76	22 067.12

注:1. 负二项回归对应的 Chi2 统计量为 Wald Chi2,Logit 回归对应的 Chi2 统计量为 LR Chi2。

2. * 表示 $p<0.1$,** 表示 $p<0.05$,*** 表示 $p<0.01$。

6.6.3 知识组合对知识熟悉度和专利质量的中介作用检验

知识组合行为对知识熟悉度和专利质量的中介作用分析结果如表 6.9 所示。其中,模型 1、模型 2 和模型 3 检验了知识组合行为对知识熟悉度和专利新颖性的中介效应。模型 1 是自变量知识熟悉度对因变量专利新颖性的直接影响,知识熟悉度的系数为 0.019 7,且 $p<0.01$,知识熟悉度对发明新颖性有显著的正向影响。模型 2 检验了知识熟悉度对知识组合行为的影响,因为知识组合行为是二值变量,所以通过 Logit 回归对模型进行估计,估计结果表明知识熟悉度的系数为−0.062,

且 p 值均小于0.01,表明知识熟悉度对知识组合行为有显著的负向影响,即发明者对知识越熟悉,因为熟悉陷阱和路径依赖的原因,会更倾向于进行开发式的知识组合。模型3同时引入自变量和中介变量,自变量知识熟悉度的系数为0.021 6,且 p 值小于0.01,同时中介变量的系数为0.286, $p<0.01$。知识熟悉度对专利新颖性的间接影响比直接影响更强,因此可以认为知识组合行为在知识熟悉度和专利新颖性之间的中介效应不存在。假设16c没有得到支持。

表6.9 知识组合对知识熟悉度和专利质量的中介效应

		知识熟悉度→知识组合行为→专利新颖性			知识熟悉度→知识组合行为→专利有用性		
		FAM→NOV	FAM→KCB	FAM+KCB→NOV	FAM→USE	FAM→KCB	FAM+KCB→USE
控制变量	ASS	0.312***	0.040 2*	0.292***	−0.031 4	0.040 2*	−0.040 2
		(0.016 3)	(0.021 1)	(0.016 0)	(0.025 4)	(0.021 1)	(0.026 2)
	INV	0.178***	−0.085 7***	0.178***	0.106***	−0.085 7***	0.106***
		(0.006 02)	(0.011 8)	(0.006 01)	(0.009 14)	(0.011 8)	(0.009 16)
	SUB	0.088 5***	0.135***	0.076 4***	0.021 7***	0.135***	0.017 3***
		(0.002 99)	(0.006 49)	(0.003 03)	(0.003 79)	(0.006 49)	(0.003 72)
	BWC	0.005 31***	−0.000 814	0.005 24***	0.005 97***	−0.000 814	0.005 90***
		(0.000 386)	(0.000 550)	(0.000 382)	(0.000 419)	(0.000 550)	(0.000 412)
	AGE	0.094 3***	0.023 8***	0.087 9***	0.199***	0.0238***	0.196***
		(0.001 91)	(0.003 43)	(0.001 96)	(0.003 12)	(0.003 43)	(0.003 45)
解释变量	FAM	0.019 7***	−0.062 0***	0.021 6***	−0.008 11***	−0.062 0***	−0.007 11***
		(0.000 752)	(0.002 32)	(0.000 780)	(0.001 00)	(0.002 32)	(0.001 20)
中介变量	KCB			0.286***			0.122**
				(0.0242)			(0.0488)
模型汇总	Log-Likelihood	−39 677.448	−5 251.445 5	−39 577.604	−31 336.95	−5 251.445 5	−31 328.6
	Chi2	58 777.45	1 288.40	61 495.47	23 213.01	1 288.40	24 279.82

注:1. 负二项回归对应的Chi2统计量为Wald Chi2,Logit回归对应的Chi2统计量为LR Chi2。

2. *表示 $p<0.1$,**表示 $p<0.05$,***表示 $p<0.01$。

模型4、模型5和模型6检验了知识组合行为对知识熟悉度和专利有用性的中介效应。模型4是自变量知识熟悉度对因变量专利有用性的直接影响,知识熟悉度的系数为−0.008 11,且 $p<0.01$,知识熟悉度对发明有用性有显著的负向影响。模型5检验了知识熟悉度对知识组合行为的影响,因为知识组合行为是二值

变量，所以通过 Logit 回归对模型进行估计，估计结果表明知识熟悉度的系数为-0.062，且 p 值均小于 0.01，表明知识熟悉度对知识组合行为有显著的负向影响，即发明者对知识越熟悉，因为熟悉陷阱和路径依赖的原因，会更倾向于进行开发式的知识组合。模型 6 同时引入自变量和中介变量，自变量知识熟悉度的系数为-0.00711，且 p 值小于 0.01，同时中介变量的系数为 0.122，$p<0.05$。由此可以判断，①知识熟悉度对专利有用性有显著的正向影响；②知识熟悉度对知识组合行为有显著的负向影响；③知识熟悉度通过知识组合行为对专利有用性的间接影响显著。因此，可以认为知识组合行为对知识熟悉度和专利有用性之间存在中介效应，假设 17c 得到支持。

6.7　稳健性检验

6.7.1　稳健性检验设计

知识组合行为对知识特征和专利质量的中介作用在以往的研究中不够成熟，为了增加结果的可信性，对知识组合行为的中介作用进行稳健性检验。稳健性检验通过改变中介变量——知识组合行为的定义方式来实现。

在前文分析中，将知识组合过程根据组合是否有新知识分为探索式的知识组合和开发式的知识组合。根据学者们的观点，旧知识和旧知识之间的组合还可以进一步细分为旧知识和旧知识首次形成新组合、旧知识和旧知识之间已经存在的组合的连接方式的改变（Carnabuci et al.，2013；Fleming，2001；Henderson et al.，1990；Strumsky et al.，2015）。因此，将知识组合行为划分为：①新知识和旧知识组合的过程；②旧知识和旧知识形成新连接的过程；③旧知识和旧知识之间已经存在的连接方式的改变。

稳健性检验采用与前文相同的样本，同时自变量和因变量的测量也保持不变。中介变量的测度方法发生改变，中介变量的测度方法如下。

（1）如果专利的分类号中存在新的分类号，那么该专利是基于探索式知识组合行为产生的。

（2）如果专利分类号中，所有的分类号在该专利申请日之前都已经出现过，但是其中的某些分类号之间在该专利申请日之前没有建立过连接关系，那么该专利是通过创造组合行为产生的。举例说明，如果一个专利有5个分类号A、B、C、D、E，申请日期为2003-9-1。这5个分类号在该专利申请日之前都已经存在，也就是说该专利是基于已有的旧知识的组合产生的，但是分类号A和分类号C在2003-9-1之前获得授权的所有977专利中都没有共现过，即在2003-9-1之前没有建立过连接关系，那么可以认为在该专利中产生了新的连接关系，可以认为该专利是通过创造组合行为产生的。

(3) 如果所有的分类号以及分类号之间的两两配对都已经出现过，即所有的知识单元和知识连接都已经存在，该专利知识对原有知识单元之间连接方式进行改变来创造新颖性，那么这样的组合行为称为强化组合行为。

该中介变量的测度是通过判断分类号以及分类号的两两配对来实现的。取值为0代表知识组合行为是强化组合行为，取值为1代表知识组合行为是创造组合行为，取值为2代表知识组合行为是探索式组合行为。中介变量是一个多值分类变量。

同样采取分段检验的方法来检验中介效应。因为中介变量是多值分类变量，因此考虑使用多项定序Logit回归对模型进行估计。

6.7.2 知识组合行为对知识多样性和专利质量的中介效应稳健性检验

知识组合行为对知识多样性和专利质量的中介效应稳健性检验结果如表6.10所示。其中模型1、模型2、模型3检验了知识多样性通过知识组合行为对专利新颖性的影响。模型4、模型5、模型6检验了知识多样性通过知识组合行为对专利有用性的影响。

模型1中知识多样性的一次项系数为9.679，知识多样性的二次项系数为−8.948，且一次项和二次项系数对应的p值均小于0.01，说明知识多样性对专利新颖性的直接效应显著，且是倒U形的影响。模型2检验了自变量对中介变量的影响，其中知识多样性的一次项系数为−5.393，知识多样性的二次项系数为5.470，且一次项和二次项系数对应的p值均小于0.01，说明知识多样性对中介变量知识组合行为有非线性的影响，即正U形的影响。模型3检验了同时加入自变量和中介变量时对专利新颖性的负二项回归结果，结果表明知识多样性的一次项系数为9.397，二次项系数为−8.707，且p值均小于0.01，知识多样性对专利新颖性的倒U形影响仍然成立，但是一次项系数和二次项系数均变小，加入中介变量之后知识多样性对专利新颖性的影响弱化了。以强化组合为参照组，创造组合和探索式知识组合的系数分别为0.129和0.134，且p值均小于0.01。从模型1、模型2和模型3的回归结果可以得出如下结论：①知识多样性对专利新颖性的直接效应显著；②知识多样性对中介变量的非线性影响显著；③知识多样性通过知识组合行为对专利新颖性的间接影响显著；④知识多样性对专利新颖性的影响因为中介变量的存在被弱化了。基于此，我们可以判断知识组合行为对知识多样性和专利新颖性的关系存在部分中介效应。

表6.10 知识多样性通过知识组合行为对专利质量的影响稳健性检验

		知识多样性→知识组合行为→专利新颖性			知识多样性→知识组合行为→专利有用性		
		DIV→NOV	DIV→KCB	DIV+KCB→NOV	DIV→USE	DIV→KCB	DIV+KCB→USE
控制变量	ASS	0.003 02	0.024 7	0.001 22	−0.170***	0.024 7	−0.173***
		(0.006 42)	(0.017 6)	(0.006 36)	(0.021 9)	(0.017 6)	(0.021 9)
	INV	0.030 8***	−0.043 7***	0.030 4***	0.071 9***	−0.043 7***	0.072 3***
		(0.004 70)	(0.011 3)	(0.004 66)	(0.009 55)	(0.011 3)	(0.009 44)
	SUB	0.028 6***	0.203***	0.025 2***	0.020 2***	0.203***	0.011 0**
		(0.002 13)	(0.007 20)	(0.002 16)	(0.004 43)	(0.007 20)	(0.004 43)
	BWC	0.002 38***	−0.000 081 6	0.002 40***	0.004 95***	−0.000 081 6	0.004 96***
		(0.000 222)	(0.000 420 3)	(0.000 225)	(0.000 406)	(0.000 420 3)	(0.000 396)
	AGE	0.015 9***	0.060 2***	0.015 0***	0.174***	0.060 2***	0.170***
		(0.001 51)	(0.003 95)	(0.001 50)	(0.00458)	(0.003 95)	(0.004 38)
解释变量	DIV	9.679***	−5.393***	9.397***	2.647***	−5.393***	2.002***
		(0.111)	(1.091)	(0.137)	(0.326)	(1.091)	(0.308)
	DIVsq	−8.948***	5.470***	−8.707***	−2.831***	5.470***	−2.283***
		(0.140)	(1.029)	(0.155)	(0.339)	(1.029)	(0.332)
中介变量	KCB=1			0.129***			0.263***
				(0.029 0)			(0.070 9)
	KCB=2			0.134***			0.379***
				(0.028 9)			(0.057 6)
模型汇总	Log-likelihood	−36 225.002	−8 157.598 2	−36 206.156	−31 302.77	−8 157.598 2	−31 267.99
	Chi2	133 386.89	1 834.41	134 020.38	25 019.04	1 834.41	26 588.89

注：1. 负二项回归对应的Chi2统计量为Wald Chi2，Logit回归对应的Chi2统计量为LR Chi2。

2. *表示$p<0.1$，**表示$p<0.05$，***表示$p<0.01$。

模型4中知识多样性的一次项系数为2.647,知识多样性的二次项系数为−2.831,且一次项和二次项系数对应的p值均小于0.01,说明知识多样性对专利有用性的直接效应显著,且是倒U形的影响。模型5检验了自变量对中介变量的影响,其中知识多样性的一次项系数为−5.393,知识多样性的二次项系数为5.470,且一次项和二次项系数对应的p值均小于0.01,说明知识多样性对中介变量知识组合行为有非线性的影响,即正U形的影响。模型6检验了同时加入自变量和中介变量时对专利有用性的负二项回归结果,结果表明知识多样性的一次项系数为2.002,二次项系数为−2.283,且p值均小于0.01,知识多样性对专利有用性的倒U形影响仍然成立,但是一次项系数和二次项系数均变小,加入中介变量之后知识多样性对专利有用性的影响弱化了。以强化组合为参照组,创造组合和探索式知识组合的系数分别为0.263和0.379,且系数均小于0.01。从模型4、模型5和模型6的回归结果可以得出如下结论:①知识多样性对专利有用性的直接效应显著;②知识多样性对中介变量的非线性影响显著;③知识多样性通过知识组合行为对专利有用性的间接影响显著;④知识多样性对专利有用性的影响因为中介变量的存在被弱化了。基于此,我们可以判断知识组合行为对知识多样性和专利有用性的关系存在部分中介效应。

基于稳健性检验,可以发现即便调整了知识组合行为的测度方法,知识组合行为对知识多样性和专利质量的非线性中介效应依然存在。

6.7.3 知识组合行为对知识依赖度和专利质量的中介效应稳健性检验

知识组合行为对知识依赖度和专利质量的中介效应稳健性检验结果如表6.11所示。其中模型1、模型2、模型3检验了知识依赖度通过知识组合行为对专利新颖性的影响。模型3、模型4、模型5检验了知识依赖度通过知识组合行为对专利有用性的影响。

模型1中知识依赖度的一次项系数为0.466,知识依赖度的二次项系数为−0.288,且一次项和二次项系数对应的p值均小于0.01,说明知识依赖度对专利新颖性的直接效应显著,且是倒U形的影响。模型2检验了自变量对中介变量的影响,其中知识依赖度的一次项系数为7.611,知识依赖度的二次项系数为−1.927,且一次项和二次项系数对应的p值均小于0.01,说明知识依赖度对中介变量知识组合行为有非线性的影响,即倒U形的影响。模型3检验了同时加入自变量和中介变量时对专利新颖性的负二项回归结果，结果表明知识依赖度的一次项系数为0.135，二次项系数为−0.144，且p值均小于0.01，知识依赖度对专利新颖性的倒U形影响仍然成立，但是一次项系数和二次项系数均变小，加入中介变量之后知识依赖度对专利新颖性的影响弱化了。以强化组合为参照组，创造组合和探索式知识组合的系数分别为0.872和0.708，且p值均小于0.01。从模型1、模型2和模型3的回归结果可以得出如下结论：①知识依赖度对专利新颖性的直接效应显著；②知识依赖度对中介变量的非线性影响显著；③知识依赖度通过

表6.11 知识依赖度通过知识组合行为对专利质量的影响稳健性检验

		知识依赖度→知识组合行为→专利新颖性			知识依赖度→知识组合行为→专利有用性		
		IND→NOV	IND→KCB	IND+KCB→NOV	IND→USE	IND→KCB	IND+KCB→USE
控制变量	ASS	0.463***	0.027 7	0.348***	−0.081 2***	0.027 7	−0.124***
		(0.018 9)	(0.018 0)	(0.017 1)	(0.022 7)	(0.018 0)	(0.021 6)
	INV	0.205***	−0.035 1***	0.175***	0.101***	−0.035 1***	0.088 7***
		(0.006 24)	(0.011 6)	(0.006 44)	(0.009 18)	(0.011 6)	(0.008 74)
	SUB	0.084 6***	0.187***	0.048 4***	0.018 0***	0.187***	0.005 78
		(0.003 25)	(0.007 13)	(0.002 83)	(0.003 86)	(0.007 13)	(0.004 18)
	BWC	0.005 62***	−0.000 255	0.005 35***	0.005 77***	−0.000 255	0.005 49***
		(0.000 418)	(0.000 429)	(0.000 410)	(0.000 416)	(0.000 429)	(0.000 404)
	AGE	0.094 7***	0.049 8***	0.079 9***	0.193***	0.049 8***	0.180***
		(0.002 03)	(0.004 04)	(0.002 22)	(0.003 08)	(0.004 04)	(0.003 31)
解释变量	IND	0.446***	7.611***	0.135	0.857***	7.611***	0.646***
		(0.105)	(0.318)	(0.097 3)	(0.140)	(0.318)	(0.139)
	INDsq	−0.288***	−1.927***	−0.144***	−0.237***	−1.927***	−0.158***
		(0.047 9)	(0.143)	(0.037 2)	(0.047 5)	(0.143)	(0.044 9)
中介变量	KCB=1			0.872***			0.389***
				(0.035 0)			(0.077 4)
	KCB=2			0.708***			0.439***
				(0.038 0)			(0.058 2)
模型汇总	Log-Likelihood	−40 171.915	−7 758.7673	−39 552.812	−31 352.08	−7 758.767 3	−31 291.54
	Chi2	54 693.65	2 632.07	74 771.06	21 095.43	2 632.07	25 104.14

备注：1. 负二项回归对应的Chi2统计量为Wald Chi2，Logit回归对应的Chi2统计量为LR Chi2。

2. * 表示$p<0.1$，** 表示$p<0.05$，*** 表示$p<0.01$。

知识组合行为对专利新颖性的间接影响显著;④知识依赖度对专利新颖性的影响因为中介变量的存在被弱化了。基于此,我们可以判断知识组合行为对知识依赖度和专利新颖性的关系存在部分中介效应。

模型4中知识依赖度的一次项系数为0.857,知识多样性的二次项系数为−0.237,且一次项和二次项系数对应的p值均小于0.01,说明知识依赖度对专利有用性的直接效应显著,且是倒U形的影响。模型5检验了自变量对中介变量的影响,其中知识依赖度的一次项系数为7.611,知识依赖度的二次项系数为−1.927,且一次项和二次项系数对应的p值均小于0.01,说明知识依赖度对中介变量知识组合行为有非线性的影响,即倒U形的影响。模型6检验了同时加入自变量和中介变量时对专利有用性的负二项回归结果,结果表明知识依赖度的一次项系数为0.646,二次项系数为−0.158,且p值均小于0.01,知识依赖度对专利有用性的倒U形影响仍然成立,但是一次项系数和二次项系数均变小,加入中介变量之后知识依赖度对专利有用性的影响弱化了。以强化组合为参照组,创造组合和探索式知识组合的系数分别为0.389和0.439,且p值均小于0.01。从模型4、模型5和模型6的回归结果可以得出如下结论:①知识依赖度对专利有用性的直接效应显著;②知识依赖度对中介变量的非线性影响显著;③知识依赖度通过知识组合行为对专利有用性的间接影响显著;④知识依赖度对专利有用性的影响因为中介变量的存在被弱化了。基于此,我们可以判断知识组合行为对知识依赖度和专利有用性的关系存在部分中介效应。

基于稳健性检验,可以发现即便调整了知识组合行为的测度方法,知识组合行为对知识依赖度和专利质量的非线性中介效应依然存在。

6.7.4 知识组合行为对知识熟悉度和专利质量的中介效应稳健性检验

知识组合行为对知识熟悉度和专利质量的中介效应稳健性检验结果如表6.12所示。其中模型1、模型2、模型3检验了知识熟悉度通过知识组合行为对专利新颖性的影响。模型4、模型5、模型6检验了知识熟悉度通过知识组合行为对专利有用性的影响。

表 6.12 知识熟悉度通过知识组合行为对专利质量的中介效应稳定性检验

		知识熟悉度→知识组合行为→专利新颖性			知识熟悉度→知识组合行为→专利有用性		
		IND→NOV	IND→KCB	IND→NOV	IND→KCB	IND→NOV	IND→KCB
控制变量	ASS	0.312***	0.095 7***	0.179***	−0.031 4	0.095 7***	−0.086 4***
		(0.016 3)	(0.018 6)	(0.013 9)	(0.025 4)	(0.018 6)	(0.022 6)
	INV	0.178***	−0.064 8***	0.142***	0.106***	−0.064 8***	0.093 0***
		(0.006 02)	(0.011 6)	(0.006 17)	(0.009 14)	(0.011 6)	(0.008 69)
	SUB	0.088 5***	0.187***	0.043 4***	0.021 7***	0.187***	0.009 32**
		(0.002 99)	(0.007 11)	(0.002 58)	(0.003 79)	(0.007 11)	(0.004 04)
	BWC	0.005 31***	−0.000 718	0.004 87***	0.005 97***	−0.000 718	0.005 66***
		(0.000 386)	(0.000 442)	(0.000 368)	(0.000 419)	(0.000 442)	(0.000 407)
	AGE	0.094 3***	0.034 8***	0.070 2***	0.199***	0.034 8***	0.186***
		(0.001 91)	(0.004 09)	(0.002 13)	(0.003 12)	(0.004 09)	(0.003 38)
解释变量	FAM	0.019 7***	−0.050 4***	0.021 4***	−0.008 11***	−0.050 4***	−0.006 60***
		(0.000 752)	(0.001 51)	(0.000 740)	(0.001 00)	(0.001 51)	(0.001 10)
中介变量	KCB=1			0.944***			0.385***
				(0.035 2)			(0.072 0)
	KCB=2			0.952***			0.413***
				(0.038 2)			(0.054 7)
模型汇总	Log-Likelihood	−39 677.448	−7 511.895 6	−38 820.178	−31 336.95	−7 511.895 6	−31 279.74
	Chi2	58 777.45	3 125.82	82 148.18	23 213.01	3 125.82	25 871.50

注:1. 负二项回归对应的 Chi2 统计量为 Wald Chi2,Logit 回归对应的 Chi2 统计量为 LR Chi2。

2. * 表示 $p<0.1$,** 表示 $p<0.05$,*** 表示 $p<0.01$。

模型 1 中知识熟悉度的系数为 0.019 7,$p<0.01$,说明知识熟悉度对专利新颖性的直接效应显著。模型 2 检验了自变量对中介变量的影响,知识熟悉度的系数为−0.050 4,$p<0.01$,说明知识熟悉度对中介变量知识组合行为的影响显著。模型 3 检验了同时加入自变量和中介变量时对专利新颖性的负二项回归结果,结果表明知识熟悉度的系数为 0.021 4,$p<0.01$,但是间接影响的系数值较直接影响的系数值变大。基于此可以判断,知识组合行为对知识熟悉度和专利新颖性的中介效应不存在。

模型 4 中知识熟悉度的系数为−0.008 11,$p<0.01$,说明知识熟悉度对专利有用性的直接效应显著。模型 5 检验了自变量对中介变量的影响,知识熟悉度的

系数为−0.050 4，$p<0.01$，说明知识熟悉度对中介变量知识组合行为的影响显著。模型6检验了同时加入自变量和中介变量时对专利有用性的负二项回归结果，结果表明知识熟悉度的系数为0.006 6，$p<0.01$，且间接影响的系数值较直接影响的系数值变小了。以强化组合为参照组，创造组合和探索式组合的系数分别为0.385和0.413，且p均小于0.01。由此可以得出以下结论：①知识熟悉度对专利有用性有显著的直接影响；②知识熟悉度对中介变量知识组合行为有显著的影响；③知识熟悉度通过知识组合行为对专利有用性的间接影响显著；④因为中介效应的存在知识熟悉度对专利有用性的影响被弱化了。因此，我们可以认为知识组合行为对知识熟悉度和专利有用性的关系有部分中介作用。

基于稳健性检验，可以发现即便调整了知识组合行为的测度方法，知识组合行为对知识熟悉度和专利新颖性的中介效应仍然不存在；知识组合行为对知识熟悉度和专利有用性的中介效应仍然存在，表明结果是稳健的。

6.7.5 稳健性检验小结

本研究采取改变中介变量测度方式的方法对中介变量的中介效应进行稳健性检验。检验结果表明，知识组合行为对知识多样性和专利质量(同时包括专利新颖性和专利多样性)的部分中介效应结果稳健；知识组合行为对知识依赖度和专利质量的部分中介效应结果稳健；知识组合行为对知识熟悉度和专利有用性的部分中介效应结果稳健；另外在稳健性检验中，知识组合行为对知识熟悉度和专利新颖性的中介效应仍然不成立，结果稳健。

6.8 本章小结

本章主要是对理论假设进行实证检验。实证检验主要分为三部分：①直接效应检验；②中介效应检验；③稳健性检验。理论假设得到支持的情况如表6.13所示。各部分检验具体分析如下。

直接效应检验主要分析了知识特征对专利新颖性、知识特征对专利有用性的直接影响。结果表明知识多样性对专利新颖性有显著的倒U形影响；知识多样性对专利有用性有显著的倒U形影响；知识依赖度对专利新颖性有显著的倒U形影响;知识依赖度对专利有用性有显著的倒U形影响;知识熟悉度对专利新颖性的负向影响不成立,结果表明知识熟悉度对专利新颖性的影响为显著正向的;知识熟悉度对专利有用性有显著的正向影响;知识熟悉度对知识多样性和专利质量、知识依赖度和专利质量均有显著的调节作用。

在直接效应检验的基础上,进一步分析自变量对中介变量,自变量、中介变量对因变量的影响,从而判断中介效应是否存在。在自变量对中介变量的影响分析中,知识多样性对知识组合行为有显著的非线性影响——正U形的;知识依赖度对知识组合行为有显著的非线性影响——倒U形的;知识熟悉度对知识组合行为的影响显著为负。总体来说,知识特征的三个维度对知识组合行为的影响都是符合预期的,而且通过显著性检验。在同时引入自变量和中介变量之后,通过对比直接效应和间接效应以及系数的显著性,可以得出以下结论:知识组合行为对知识多样性和专利新颖性的影响存在非线性中介作用;知识组合行为对知识多样性和专利有用性的影响存在非线性中介作用;知识组合行为对知识依赖度和专利新颖性的影响存在非线性中介作用;知识组合行为对知识依赖度和专利有用性的影响存在非线性中介作用;知识组合行为对知识熟悉度和专利新颖性的中介效应不成立;知识组合行为对知识熟悉度和专利有用性有线性中介作用。

稳健性分析结果表明,知识组合行为的中介效应非常稳健,不会因为更改了中介变量的测度方法而出现不一致的结果。

表6.13 实证结果汇总

研究问题	假设内容	实证结果
知识特征对专利新颖性的直接影响	假设1:知识多样性对专利新颖性有倒U形的影响	支持
	假设2:知识依赖度对专利新颖性有倒U形的影响	支持
	假设3:知识熟悉度对专利新颖性的影响为负	不支持
知识熟悉度的调节作用(专利新颖性)	假设4:知识熟悉度对知识多样性和专利新颖性的倒U形关系有反向的调节作用	支持
	假设5:知识熟悉度对知识依赖度和专利新颖性的倒U形关系有正向的调节作用	支持
知识特征对专利有用性的直接影响	假设6:知识多样性对专利有用性有倒U形的影响	支持
	假设7:知识依赖度对专利有用性有倒U形的影响	支持
	假设8:知识熟悉度对专利有用性的影响为负	支持

续 表

研究问题	假设内容	实证结果
知识熟悉度的调节作用(专利有用性)	假设 9:知识熟悉度对知识多样性和专利有用性的倒 U 形关系有反向的调节作用	支持
	假设 10:知识熟悉度对知识依赖度和专利有用性的倒 U 形关系有正向的调节作用	部分支持
知识特征对知识组合行为的影响	假设 11:知识多样性会对知识组合行为产生非线性的影响	支持
	假设 12:知识依赖度会对知识组合行为产生非线性的影响	支持
	假设 13:知识熟悉度会对知识组合行为产生显著的负向影响	支持
知识组合行为对创新绩效的影响	假设 14:探索式知识组合行为对专利的新颖性有显著的正向影响	支持
	假设 15:探索式知识组合行为对专利的有用性有显著的正向影响	支持
知识组合行为的中介效应	假设 16a:知识组合行为在知识多样性与专利新颖性之间起着非线性的中介作用	支持
	假设 16b:知识组合行为在知识依赖度和专利新颖性之间起着非线性的中介作用	支持
	假设 16c:知识组合行为在知识熟悉度和专利新颖性之间起着线性的中介作用	不支持
	假设 17a:知识组合行为在知识多样性与专利有用性之间起着非线性的中介作用	支持
	假设 17b:知识组合行为在知识依赖度和专利有用性之间起着非线性的中介作用	支持
	假设 17c:知识组合行为在知识熟悉度和专利有用性之间起着线性的中介作用	支持

第7章 研究结论与展望

7.1 主要研究结论和讨论

7.1.1 主要研究结论

从知识基础观理论出发,本书研究了知识特征对创新绩效的影响。以知识组合来解释创新过程的发生机制,旨在揭示知识特征如何通过影响知识组合过程从而对创新绩效产生影响。根据知识基础观,知识是企业核心竞争力的重要来源。而知识本身是不产生价值的,是知识之间的组合决定了企业的核心竞争力。本书梳理了以往研究中关于知识组合的概念、知识组合的分类以及影响知识组合过程的知识特征因素。在文献梳理的基础上,从组织能力和路径依赖的角度推导了知识特征通过知识组合行为影响创新绩效的机制,构建了知识特征、知识组合行为影响创新绩效的SCP模型。针对知识特征与知识组合行为、知识组合行为对创新绩效、知识特征对创新绩效以及知识组合行为在知识特征与创新绩效之间的非线性中介效应提出研究假设。以1972—2010年在USPTO申请并获得授权的纳米技术领域的专利数据为样本,以专利质量(包括专利新颖性和专利有用性两个维度)为被解释变量、知识特征(包括知识多样性、知识依赖度和知识熟悉度)为解释变量、知识组合行为为中介变量,运用显变量中介效应检验的方法,通过负二项回归、零膨胀的负二项回归分别对假设进行检验,从而验证了知识特征通过知识组合行为影响创新绩效的路径。本研究的结论主要体现在以下几个方面。

(1) 知识多样性和知识依赖度分别对专利新颖性和专利有用性产生倒U形

的影响。知识多样性体现了知识的丰富性以及跨领域特征,知识依赖度反映了知识单元之间的内在联系及强度。随着知识多样性程度增加,从排列组合角度来讲知识组合的可能性增加,新颖性和有用性的来源增加,伴随着知识吸收能力的下降,因此知识多样性对专利质量的影响是倒U形的。知识依赖度对创新绩效的影响主要是通过路径依赖机制实现的,知识依赖度反映了知识本身的路径依赖性,同时反映了发明者思维方式和组织惯例的路径依赖特征。适度的知识依赖度意味着知识单元之间共性知识的存在,会对知识组合产生有利的影响;而当知识依赖度过大的时候,路径依赖性会阻碍知识组合的过程。因此,知识依赖度对专利质量的影响是倒U形的。

(2) 知识多样性和知识依赖度反映了知识固有的两种属性,这种属性是知识网络结构的重要反映。知识熟悉度则是主观的知识属性,是与个体或组织的学习密切相关的。知识熟悉度反映了个体或组织以往的知识组合活动经验以及惯例。实证研究结果表明知识熟悉度对专利新颖性的影响是显著的正向影响,与假设的方向相反;知识熟悉度对专利有用性的影响是显著的正向影响,与假设一致。本书认为实证结果与理论假设不一致很重要的一个原因在于知识熟悉度的测度方法问题,在研究局限部分将会针对这一问题展开具体分析。

(3) 知识熟悉度会调节知识多样性对专利新颖性和专利有用性的倒U形影响,以及知识依赖度对专利新颖性和专利有用性的倒U形影响。知识熟悉度越高,意味着在特定的知识多样性和知识依赖度情况下,发明者越能发现知识的价值,从而会对倒U形关系有正向的调节作用。

(4) 不同知识特征对知识组合行为的影响不同。知识组合行为反映了个体或组织进行知识组合的倾向,受知识固有属性和发明者对知识的熟悉度的影响。研究结果表明,知识多样性对知识组合行为有正U形的影响,即随着知识多样性增加,知识组合行为是探索式知识组合的概率先下降,后增加。但是只有当知识多样性程度非常低的时候,odds ratio小于1,当知识多样性程度大于0.08时,odds ratio始终大于1,说明知识多样性程度越高,知识组合行为为探索式的概率越高。知识依赖度对知识组合行为的影响是倒U形的,知识依赖度非常低或非常高都不利于探索式知识组合行为,只有当知识依赖度处于一个适中的水平时探索式知识组合行为的发生概率才会最高。知识熟悉度对知识组合行为的影响显著为负,即知识的熟悉度越高,知识组合行为越倾向于开发式的。

(5) 知识组合行为在知识特征与创新绩效之间存在非线性中介效应。知识组合行为对知识多样性和专利新颖性、专利有用性之间存在非线性中介效应；知识组合行为对知识依赖度和专利新颖性、专利有用性之间存在非线性中介效应；知识组合行为对知识熟悉度和专利新颖性之间的中介效应没有得到支持，但是对知识熟悉度和专利有用性之间的线性中介效应得到了实证结果的支持。

(6) 不同知识特征对不同创新绩效的影响路径存在差异。本研究进一步分析了知识特征通过不同知识组合行为的传导对专利质量影响的差异。结果表明，经过探索式的知识组合行为传导，知识多样性对专利新颖性和专利有用性的影响比通过开发式的知识组合行为传导的影响更强；知识依赖度通过不同知识组合行为的传导的结果则刚好相反。

(7) 新颖性和有用性作为专利质量反映的两个维度分别表征了创新绩效的不同方面。本研究结论还表明，专利新颖性和专利有用性表征了创新绩效的不同方面，是有差异的，在研究中不能通过某一个代理变量来概括。新颖性强调的是新，有用性强调的是在技术体系中的价值，是与知识所处的技术网络的位置有关的。新颖的知识并不一定有用，有用的知识并不一定非常新颖。

7.1.2　对研究结论的讨论

本部分将针对实证检验的结果，对得到支持或未得到实证支持的假设进行讨论，分析可能的原因。

(1) 知识多样性、知识依赖度对专利新颖性和专利有用性的倒 U 形影响。知识多样性对专利新颖性的倒 U 形是正负两方面影响共同作用的结果。一方面，从排列组合角度来讲，知识多样性增加，意味着组合的可能性增加，创新搜索的范围拓宽；同时知识多样性意味着异质性资源，使得产生新颖组合的概率增加；另一方面，知识多样性增加可能会因为吸收能力不足而造成困扰进而产生负面的影响。知识依赖度对专利新颖性的倒 U 形影响同样是正负两方面影响共同作用的结果。一方面，知识依赖度意味着共性知识，有利于知识的吸收，对知识组合有正向促进作用；另一方面，知识依赖度过高意味着知识组合的灵活性差，与其他知识进行组合的难度增加，路径依赖度高，对知识组合有负向的阻碍作用，因此只有当知识依赖度处于一个适中的水平时，专利的新颖性才会更高。知识多样性和知识依赖度对专利有用性的倒 U 形影响的作用机制类似，但是对知识依赖度和专利有用性的正向调节效应只部分得到支持。

(2) 知识熟悉度对专利新颖性和专利有用性的影响及知识熟悉度的调节作用。实证结果表明知识熟悉度可以调节知识多样性,知识依赖度分别对专利新颖性和专利有用性的倒 U 形关系有正向的调节作用。知识熟悉度对专利有用性的负向影响得到显著性支持。但是知识熟悉度对专利新颖性的负向影响没有得到支持,实证结果表明知识熟悉度对专利新颖性的影响显著为正,与理论假设正好相反。本研究认为,之所以会出现这样一种结果,原因在于知识熟悉度的变量测度问题。关于知识熟悉度的研究并不多见,因此本研究对知识熟悉度的度量采用的是 Fleming(2001)的计算方法。Fleming 的计算方法是由两部分组成的:时间系数和经验。新的知识意味着经验不足,经验丰富的知识意味着知识比较旧,将这两个因素同时纳入一个计算公式中,在某种情况下会出现彼此抵消而导致结果不稳定。实际上,将知识熟悉度纳入模型,同时分别加入知识多样性和知识依赖度变量,知识熟悉度对新颖性的影响时正时负,正是影响不稳定的表现。

(3) 知识多样性、知识依赖度对知识组合行为的非线性影响。实证结果表明知识多样性对知识组合行为的影响是正 U 形的,而知识依赖度对知识组合行为的影响是倒 U 形的。实际上,在将系数带回模型中对模型预测时发现,当知识多样性取值大于 0.08 时,odds ratio 始终大于 1。也就是说,只有在知识多样性取值较小的情况下,开发式知识组合行为发生的概率会随着知识多样性的增加而增加,一旦超过 0.08,探索式知识组合行为发生的概率会随着知识多样性的增加而增加。知识依赖度对知识组合行为的倒 U 形影响反映了知识的可延展性,知识依赖度过低意味着共性知识较少,不利于探索式的知识组合;而知识单元间的依赖度过高,会因为路径依赖限制了探索式的知识组合,只有当知识依赖度处于适中的水平时,知识组合为探索式的概率最大。知识熟悉度对知识组合行为的影响显著为负,说明知识熟悉度越高,越倾向于开发式的而非探索式的知识组合,这一现象即熟悉陷阱(Ahuja et al. ,2001)。

(4) 知识组合行为对创新绩效的影响表现为基于探索式知识组合行为产生的专利新颖性和有用性均显著高于基于开发式知识组合行为产生的专利新颖性和有用性。

(5) 知识组合行为分别对知识多样性、知识依赖度和专利新颖性、专利有用性之间的关系存在非线性中介效应。非线性中介意味着自变量通过中介变量对因变量的间接效应不是一个常数，而是与自变量的取值有关。知识组合行为对知识熟悉度和专利新颖性之间的中介效应不存在，实证结果表明通过知识组合行为变量的中介效应，知识熟悉度对专利新颖性的影响更强而非减弱，存在两种可能：其一，知识组合行为对知识熟悉度和专利新颖性之间可能存在调节作用；其二，如前文所述是知识熟悉度变量计算的问题导致了这样一种结果。此外，知识组合行为对知识熟悉度和专利有用性之间的中介效应显著。

(6) 通过实证分析，一方面知识特征的不同维度对专利质量的影响是不同的，另一方面，专利质量的不同维度受相同知识特征的影响可能也有所不同。

7.1.3　对研究方法的讨论

本研究关于中介效应的检验与现有文献的通常做法相比存在两个特殊之处，其一，本研究所涉及的中介变量是做分类变量处理的，且是二值变量；其二，本研究检验了中介变量的非线性中介效应。尽管单独针对这两个问题存在相关的文献可以作为参考，但是目前还未找到检验分类中介变量的非线性中介效应的相关文献。文中涉及的关于分类中介变量的检验和非线性中介效应的检验可以为本研究提供非常重要的参考，因为本研究检验的核心在于知识组合行为的中介效应是否存在，效应量指标并不是本研究关注的核心，因此本研究所采取的方法完全可以达到预期目标。

值得一提的是，中介效应检验的相关文献主要来源于心理学研究领域，实际上心理学的研究与管理学领域的研究方法是不完全相同的，现有的关于中介效应检验方法的发展主要是由心理学领域的学者们开发的，比如 SPSS 的 PROCESS 和 MEDCURVE 宏文件，关于中介效应的讨论也多来自心理学领域的学者(Hagger-Johnson et al., 2011; MacKinnon, 2012; Mackinnon et al., 1993; MacKinnon, Fairchild, Fritz, 2007; MacKinnon et al., 2007; MacKinnon et al., 2002; MacKinnon et al., 1995; Roos et al., 2013; Ross et al., 2006)。因此，针对管理研究中遇到的问题，研究方法仍然有许多值得探讨和努力的空间[①]。

① PROCESS 和 MEDCURVE 宏文件下载可参考网址：http://www.afhayes.com/和 http://www.quantpsy.org/。

7.2 研究启示

本研究对未来的创新理论发展和实践具有重要的启示，具体表现为以下几个方面。

(1) 创新的过程本质上是知识相互作用的过程，管理者在创新管理中可以遵循SCP的分析方法，通过对企业知识结构的分析，采取适当的管理措施，引导创新行为，从而达到提高创新绩效的目的。

(2) 专利新颖性和专利有用性是衡量专利质量的两个非常重要的指标，但是这两个指标的产生机制有所不同，对不同知识特征的敏感度不同，管理者应在明确创新的目的的基础上采取合适的措施对创新活动进行引导。

(3) 创新研究不能将专利新颖性和专利有用性两个指标混淆，从原理上来讲，这两个指标产生的机制有所不同；从目的性来讲，这两个指标指向的目的不同，新颖性的目的在于“改变”，而有用性的目的在于“影响”。有些时候两个指标会协同，但是很多时候并非如此。

7.3 本研究的主要创新点

本研究以专利为分析对象，以专利的质量为核心，在建立知识特征、知识组合行为对专利质量作用的理论模型的基础上，以1972—2010年在USPTO申请并获得授权的纳米技术领域的专利数据为样本对理论模型进行实证检验。相较于已有研究，本研究有以下几方面的创新点。

(1) 本研究是聚焦于微观的知识层面，以知识单元为分析单位的研究。国内学者关于知识的研究大多集中在个体、企业甚至行业层次，缺乏对微观的知识层面的研究。但是知识层面的分析是研究个体、企业知识活动的基础。

(2) 本研究以专利分类号代表知识单元，分类号的共现关系代表知识组合，解决了知识单元、知识连接在实证研究中无法测度的问题。因此，在研究方法上也有创新。

(3) 本研究从知识组合的角度入手,构建了"知识特征→知识组合行为→创新绩效"的理论模型,打开了创新过程的黑箱,提出了一种研究创新过程的新的思路,诠释了创新过程的作用机制。

(4) 构造了知识特征的三个维度。以往的研究通常关注知识特征的某一个维度,但是从演化的视角来看,技术进步的过程是多因素共同作用的结果。本研究构造的知识特征的三个维度包括:知识多样性、知识依赖度和知识熟悉度。其中知识多样性和知识依赖度是知识固有属性决定的,是适应度景观理论应用于技术进步的研究中非常关注的两个维度,也可看作是知识的空间特征;而知识熟悉度则反映了发明者个人主观上对知识的认知和理解程度,是时间维度的概念;空间特征和时间特征同时又互相作用,从而对知识组合行为、创新绩效产生影响。因此,本研究在理论框架上也有创新。

(5) 归纳了知识特征对知识组合行为和创新绩效影响的机制。以往的研究并没有关注变量间影响的具体机制,本书在梳理已有文献的基础上,创新性地从组织能力和路径依赖两个角度对变量间影响的机制进行阐述和分析,使得各变量之间的作用机制更加清晰,理论模型更加严密。

7.4 研究局限

本研究利用二手数据通过实证分析从知识组合的视角对影响专利新颖性和专利有用性的因素进行深入的分析。研究的结论对丰富创新研究、完善知识组合理论体系具有重要的意义,同时也为企业的技术创新管理、人才体系的搭建、企业的管理制度设计等都提供了重要的实践指导意义。但是,本研究仍存在着一些不足,使得本研究具有一定程度的局限性。

(1) 样本量的局限。本研究的数据来源是1972—2010年在USPTO申请并获得授权的纳米技术领域的专利数据,样本量为9 328条。这个样本量在以专利为样本的研究中并不算大。在检验知识多样性和知识依赖度的倒U形关系时,如果同时将它们放入模型,会产生互相干扰。同时知识熟悉度的变量测量使得样本量的问题凸显,实际上,在Fleming的研究中,采用同样的变量测度方法得到的结果却相对稳定,因为他的研究中专利数据量高达17 264,几乎是本研究样本量的

2倍。因此,未来进行类似的研究可以通过增加样本量来减弱可能存在的不稳定性。

(2) 变量的测度方法的局限。因为知识组合研究尚不成熟,关于变量的测度可以参考的文献非常有限,测度的方法没有经过反复论证,难免会对结果产生影响。比如知识熟悉度的测量,本书采用的是 Fleming 的测度方法,但是这一方法的适用范围非常有限,且具有很强的主观性。知识单元之间的连接强度这一变量在已有的研究中并不存在具体的测度方法,本研究借助社会网络的思想通过知识单元之间互动的频次对其进行近似计算。因此,在变量的测度上,仍然有很大的待完善的空间。

(3) 在知识组合行为变量的测度上,本研究简单地将其划分为二值变量。0代表开发式的知识组合行为,1代表探索式的知识组合行为。实际上,这种处理方法牺牲了很多其他的信息(Babyak,2004)。因为专利的产生大多是基于已有专利通过以上两种知识组合行为的结果,因此可以通过与已有的专利对比,衡量知识组合行为的探索式程度(新增加的知识单元的个数和与现有知识单元的距离)以及开发式程度(对知识单元之间连接的改变程度)做进一步的分析。

此外,本研究还存在一个重要的局限在于高度依赖于专利数据。基于专利数据的特殊性,可以通过专利的分类号表征知识单元,专利分类号的共现关系表征知识单元之间的组合,而这是其他类型的数据所不具备的。因此本研究是严格依赖专利数据的分析结果。

7.5 未来研究展望

本研究按照预设的时间进度完成了各阶段的主要工作,研究结果基本符合预期,甚至在研究过程中发现了比预期更多的结论。随着研究工作的开展,笔者的思考不断被激发,但是由于时间、精力、数据等资源的限制,未能在文中进行更多的展开,但可为后续研究提供参考和建议。

(1) 以专利分类号为节点,搭建知识网络,探究知识单元在网络中的结构对知识组合及创新绩效的影响研究。通过搭建知识网络,构建知识单元在网络中的结构特征变量,探索其对知识组合以及创新绩效的影响。

(2) 针对研究局限部分提到的关于知识组合行为变量的处理问题，未来可以对此予以改善。因为专利的产生大多是基于已有专利通过以上两种知识组合行为的结果，因此可以通过与已有的专利对比，衡量知识组合行为的探索式程度（新增加的知识单元的个数和与现有知识单元的距离）以及开发式程度（对知识单元之间连接的改变程度）做进一步的分析。分别建立不同知识组合行为的传导路径，比如建立“知识特征→探索式知识组合行为→创新绩效”和“知识特征→开发式知识组合行为→创新绩效”理论框架，探索知识特征通过不同的知识组合行为的传导对创新绩效的影响。

(3) 关于有调节的中介效应模型的进一步分析。本研究中 6.6 小结的实证结果表明，通过不同知识组合行为的传导，知识特征对专利质量的影响会发生变化，也就是说存在某种机制对中介效应产生了调节，本研究由于时间和精力有限，没能针对这一问题进行更深入的分析和探讨，希望未来的研究对这一问题予以关注，进一步揭示创新过程的机制。

此外，未来的研究可以尝试对分类中介变量的非线性中介效应的检验方法进行探索和发展，为进一步解释创新过程的机制以及知识组合理论的发展提供方法支持。

附录　样本描述

附表1统计了1972—2010年每年申请的专利的数量。可以看出,纳米技术的专利逐年增加。

附表1　纳米技术专利的逐年分布

申请年	频数	频率	累积频率	申请年	频数	频率	累积频率
1972	1	0.01	0.01	1994	204	2.19	9.32
1975	1	0.01	0.02	1995	304	3.26	12.58
1978	6	0.06	0.09	1996	286	3.07	15.64
1979	1	0.01	0.1	1997	371	3.98	19.62
1980	4	0.04	0.14	1998	363	3.89	23.51
1981	3	0.03	0.17	1999	404	4.33	27.84
1982	1	0.01	0.18	2000	506	5.42	33.27
1983	8	0.09	0.27	2001	621	6.66	39.92
1984	9	0.1	0.36	2002	519	5.56	45.49
1985	8	0.09	0.45	2003	473	5.07	50.56
1986	11	0.12	0.57	2004	461	4.94	55.5
1987	25	0.27	0.84	2005	605	6.49	61.99
1988	43	0.46	1.3	2006	641	6.87	68.86
1989	62	0.66	1.96	2007	681	7.3	76.16
1990	75	0.8	2.77	2008	679	7.28	83.44
1991	104	1.11	3.88	2009	702	7.53	90.96
1992	154	1.65	5.53	2010	843	9.04	100
1993	149	1.6	7.13				

专利的分类号数反映了知识单元数，附表 2 统计了不同知识单元数所对应的专利的数量。从附表 2 可以看出，所有的纳米技术专利都至少含有 2 个知识单元，拥有 4～6 个分类号的专利的数量最多。

附表 2　拥有不同分类号数的专利数

分类号数	频数	频率	累积频率	分类号数	频数	频率	累积频率
2	441	4.73	4.73	24	12	0.13	99.16
3	951	10.2	14.92	25	10	0.11	99.27
4	1 252	13.42	28.34	26	8	0.09	99.36
5	1 177	12.62	40.96	27	8	0.09	99.44
6	1 085	11.63	52.59	28	7	0.08	99.52
7	924	9.91	62.5	29	9	0.1	99.61
8	792	8.49	70.99	30	4	0.04	99.66
9	599	6.42	77.41	31	8	0.09	99.74
10	481	5.16	82.57	32	2	0.02	99.76
11	387	4.15	86.72	33	8	0.09	99.85
12	262	2.81	89.53	34	2	0.02	99.87
13	212	2.27	91.8	36	1	0.01	99.88
14	165	1.77	93.57	37	1	0.01	99.89
15	138	1.48	95.05	38	1	0.01	99.9
16	88	0.94	95.99	39	3	0.03	99.94
17	57	0.61	96.6	40	1	0.01	99.95
18	71	0.76	97.36	41	1	0.01	99.96
19	52	0.56	97.92	48	1	0.01	99.97
20	32	0.34	98.26	49	1	0.01	99.98
21	27	0.29	98.55	54	1	0.01	99.99
22	26	0.28	98.83	60	1	0.01	100
23	19	0.2	99.04				

附表 3 反映了纳米技术领域的专利知识的来源。除了 977 之外，纳米技术专

利的产生还搜索了超过 300 个大类(技术领域)的知识。专利数反映了纳米技术领域的专利搜索了该大类知识的次数,值越大说明纳米技术领域专利的产生对该领域内知识的依赖程度越高,代表着该领域与纳米技术领域的联系越紧密,以此可以判断技术演化的路径。

附表 3　纳米技术专利知识分布情况

大类号	专利数	大类号	专利数	大类号	专利数
002	6	248	3	427	593
003	1	249	3	428	773
007	1	250	982	429	146
008	3	251	5	430	133
011	1	252	433	431	5
016	1	256	1	432	1
023	7	257	1 878	433	11
024	4	259	1	434	1
026	1	260	5	435	621
029	85	261	7	436	245
031	1	264	294	437	37
032	1	266	6	438	1 234
033	20	267	2	439	10
034	2	269	3	442	26
038	1	277	1	445	70
040	1	283	2	446	1
044	10	287	1	447	1
047	3	289	1	451	50
048	1	290	6	453	1
051	22	294	7	455	8
052	3	298	1	473	4
053	1	299	3	476	1
055	13	307	10	478	1
057	3	309	1	482	1
060	6	310	100	492	1
062	12	313	204	501	67
065	12	315	22	502	197

续表

大类号	专利数	大类号	专利数	大类号	专利数
071	2	318	9	504	5
072	3	320	3	505	38
073	511	323	1	506	66
074	8	324	201	507	12
075	194	326	63	508	28
082	1	327	15	510	4
083	4	330	6	512	1
087	1	331	8	514	469
089	2	333	33	516	79
092	1	335	7	518	5
095	31	336	4	521	24
096	33	338	6	522	11
099	1	340	6	523	96
101	21	341	3	524	227
102	3	342	2	525	95
104	1	343	13	526	29
106	111	345	32	527	2
108	3	346	10	528	63
110	10	347	27	530	198
114	1	348	7	532	1
117	105	349	21	534	27
118	37	350	9	536	257
123	4	351	4	540	19
125	2	354	2	544	15
126	2	355	16	546	21
127	3	356	115	548	29
128	63	357	19	549	26
131	2	358	3	552	6
132	1	359	135	554	12
134	2	360	80	556	51
136	90	361	65	558	13
137	7	362	13	560	27

续 表

大类号	专利数	大类号	专利数	大类号	专利数
138	4	363	4	562	30
140	1	364	13	564	31
148	65	365	400	568	33
149	6	366	4	570	8
152	1	367	7	585	26
156	90	368	3	588	10
159	2	369	232	600	96
161	1	371	2	601	5
162	8	372	48	602	6
164	10	373	4	604	113
165	22	374	40	606	47
166	13	376	4	607	63
173	1	377	3	623	46
174	39	378	15	664	1
175	5	379	1	700	17
177	1	380	3	702	50
178	2	381	22	703	8
181	1	382	11	705	3
185	2	384	3	706	16
198	1	385	68	708	8
200	11	386	4	709	2
203	1	392	1	710	6
204	253	395	2	711	3
205	109	396	3	712	5
206	11	398	6	713	3
207	1	399	8	714	4
208	5	400	1	715	1
209	35	403	1	716	27
210	108	404	1	720	2
212	1	405	6	729	1
214	1	406	1	800	12
216	161	407	1	850	996

续表

大类号	专利数	大类号	专利数	大类号	专利数
219	61	408	2	865	1
220	3	409	1	901	9
221	1	415	2	911	2
222	4	417	5	930	4
225	2	419	21	935	17
228	5	420	32	944	2
229	1	422	231	976	1
235	3	423	1 196	**977**	**9 328**
236	1	424	827	997	11
239	12	425	46	D24	2
241	42	426	8	G9B	393

附表 4 反映了公司持有纳米技术领域专利的情况，其中持有纳米技术领域专利最多的是 IBM 公司，三星电子位居第二，佳能第三。附表 4 为未来开展知识层面的研究提供基础和参考。

附表 4 公司持有纳米技术领域专利的情况

公司名字	专利数
International Business Machines Corporation, Armonk, NY, US	366
Samsung Electronics Co. Ltd., Gyeonggi-do, KR	219
Canon Kabushiki Kai sha, Tokyo, JP	176
Hon Hai Precision Industry Co. Ltd., Tu-Cheng, NewTaipei, TW	120
Hewlett Packard Development Company L. P., Houston, TX, US	118
Nantero Inc., Woburn, MA, US	107
Micron Technology Inc., Boise, ID, US	88
Intel Corporation, SantaClara, CA, US	87
Hitachi Ltd., Tokyo, JP	75
Olympus Optical Co. Ltd., Tokyo, JP	70
Sony Corporation, Tokyo, JP	61
Seiko Instruments Inc., JP	57
Advanced Micro Devices Inc., Sunny vale, CA, US	52
Nanosys Inc., PaloAlto, CA, US	50

续 表

公司名字	专利数
Xerox Corporation, Stamford, CT, US	48
E. I. du Pont de Nemours and Company, Wilmington, DE, US	46
Fujitsu Limited, Kawasaki, JP	44
Kabushiki Kaisha Toshiba, Tokyo, JP	41
Seagate Technology LLC, ScottsValley, CA, US	39
3M Innovative Properties Company, St. Paul, MN, US	38
Eastman Kodak Company, Rochester, NY, US	38
NEC Corporation, Tokyo, JP	38
Matsushita Electric Industrial Co. Ltd., Osaka, JP	32
Commissariatal' Energie Atomique, Paris, FR	32
Dwave Systems Inc., Vancouver, CA	30
Digital Instruments Inc., SantaBarbara, CA, US	29
Hyperion Catalysis International Inc., Cambridge, MA, US	29
L'Oreal, Paris, FR	26
General Electric Company, Niskayuna, NY, US	24
Kabushiki Kaisha Toshiba, Kawasaki, JP	23
Infineon Technologies AG, Munich, DE	22
Fuji Xerox Co. Ltd., Tokyo, JP	19
BASF Aktiengesellschaft, Ludwigshafen, DE	19
JEOL Ltd., Tokyo, JP	18
The Procter & Gamble Company, Cincinnati, OH	18
QuNanoAB, Lund, SE	17
Sandia Corporation, Albuquerque, NM, US	15
Showa Denko K. K., Tokyo, JP	15
Applied Nanotech Holdings Inc., Austin, TX, US	14
Freescale Semiconductor Inc., Austin, TX, US	14
Canare Electric Co. Ltd., Aichigun, JP	14
Mitsubishi Denki Kabushiki Kaisha, Tokyo, JP	14
Beijing FUNATE Innovation Technology Co. Ltd., Beijing, CN	14
Sharp Laboratories of AmericaInc., Camas, WA, US	13
Texas Instruments Incorporated, Dallas, TX, US	13
Daiken Chemical Co. Ltd., Osaka, JP	13

续 表

公司名字	专利数
Samsung SDI Co. Ltd. ,Suwon,KR	13
Infineon Technologies AG,Neubiberg,DE	13
ST Microelectronics S. r. l. ,AgrateBrianza,IT	13
Cornell Research Foundation Inc. ,Ithaca,NY,US	12
Los Alamos National Security LLC,LosAlamos,NM,US	12
Motorola Inc. ,Schaumburg,IL,US	12
Honda Motor Co. Ltd. ,Tokyo,JP	12
Agere Systems Guardian Corp. ,Orlando,FL,US	11
AT&T Bell Laboratories,MurrayHill,NJ,US	11
Medtronic Inc. ,Minneapolis,MN,US	11
Molecular Imaging Corporation,Tempe,AZ,US	11
Molecular Imprints Inc. ,Austin,TX,US	11
Park Scientific Instruments,Sunnyvale,CA,US	11
UT-Battelle LLC,OakRidge,TN,US	11
Panasonic Corporation,Osaka,JP	11
Edward Mendell Co. Inc. ,Patterson,NY,US	10
Georgia Tech Research Corporation,Atlanta,GA,US	10
Hewlett Packard Company,PaloAlto,CA,US	10
Honeywell International Inc. ,Morristown,NJ,US	10
Lucent Technologies Inc. ,MurrayHill,NJ,US	10
Rohmand Haas Company,Philadelphia,PA,US	10
Veeco Instruments Inc,US	10
Nikon Corporation,Tokyo,JP	10
LG Display Co. Ltd. ,Seoul,KR	10
SNU R&DB Foundation,Seoul,KR	10
Nanosphere Inc. ,Northbrook,IL	10
Georgia Tech Research Corporation,Atlanta,GA,US	10
Hewlett Packard Company,PaloAlto,CA,US	10
Honeywell International Inc. ,Morristown,NJ,US	10
Lucent Technologies Inc. ,MurrayHill,NJ,US	10
Rohmand Haas Company,Philadelphia,PA,US	10
Veeco Instruments Inc,US	10
Nikon Corporation,Tokyo,JP	10

续 表

公司名字	专利数
LG Display Co. Ltd. ,Seoul,KR	10
SNU R&DB Foundation,Seoul,KR	10
Nanosphere Inc. ,Northbrook,IL	10

参考文献

Achilladelis B, Schwarzkopf A, Cines M, 1990. The dynamics of technological innovation: the case of the chemical industry[J]. Research policy, 19(1): 1-34.

Aharonson B S, Schilling M A, 2016. Mapping the technological landscape: measuring technology distance, technological footprints, and technology evolution[J]. Research policy, 45(1): 81-96.

Ahuja G, 2000. Collaboration networks, structural holes, and innovation: a longitudinal study[J]. Administrative science quarterly, 45(3): 425-455.

Ahuja G, Katila R, 2001. Technological acquisitions and the innovation performance of acquiring firms: a longitudinal study [J]. Strategic management journal, 22(3): 197-220.

Ahuja G, Morris Lampert C, 2001. Entrepreneurship in the large corporation: a longitudinal study of how established firms create breakthrough inventions[J]. Strategic management journal, 22(6-7): 521-543.

Albert M B, Avery D, Narin F, et al., 1991. Direct validation of citation counts as indicators of industrially important patents[J]. Research policy, 20(3): 251-259.

Aldieri L, Cincera M, 2009. Geographic and technological R&D spillovers within the triad: micro evidence from US patents [J]. The journal of technology transfer, 34(2): 196-211.

Al-Laham A, Tzabbar D, Amburgey T L, 2011. The dynamics of knowledge stocks and knowledge flows: innovation consequences of recruitment and collaboration in biotech[J]. Industrial and corporate change, 20(2): 555-583.

Andersen B, 1999. The hunt for S-shaped growth paths in technological innovation: a patent study[J]. Journal of evolutionary economics, 9(4): 487-526.

Antonelli C, Krafft J, Quatraro F, 2010. Recombinant knowledge and growth: the case of ICTs[J]. Structural change and economic dynamics, 21(1): 50-69.

Arend R J, Patel P C, Park H D, 2014. Explaining post-IPO venture performance through a knowledge-based view typology [J]. Strategic management journal, 35(3): 376-397.

Argote L, Beckman S L, Epple D, 1990. The persistence and transfer of learning in industrial settings[J]. Management science, 36(2): 140-154.

Argyres N S, Silverman B S, 2004. R&D, organization structure, and the development of corporate technological knowledge[J]. Strategic management journal, 25(8-9): 929-958.

Arora A, Gambardella A, 1994. Evaluating technological information and utilizing it: scientific knowledge, technological capability, and external linkages in biotechnology[J]. Journal of economic behavior & organization, 24(1): 91-114.

Babyak M A, 2004. What you see may not be what you get: a brief, nontechnical introduction to overfitting in regression-type models [J]. Psychosomatic medicine, 66(3): 411-421.

Baldwin C Y, Clark K B, 2000. Design rules: the power of modularity[M]. Cambridge: MIT press.

Beaudry C, Schiffauerova A, 2011. Impacts of collaboration and network indicators on patent quality: the case of Canadian nanotechnology innovation[J]. European management journal, 29(5): 362-376.

Becker W, Dietz J, 2004. R&D cooperation and innovation activities of firms—

evidence for the German manufacturing industry[J]. Research policy, 33(2): 209-223.

Benner M J, Tushman M L, 2003. Exploitation, exploration, and process management: the productivity dilemma revisited[J]. Academy of management review, 28(2): 238-256.

Berggren C, Bergek A, Bengtsson L, et al., 2013. Knowledge Integration and Innovation: Critical Challenges Facing International Technology-Based Firms[M]. Oxford: Oxford University Press.

Bhatt G D, 2002. Management strategies for individual knowledge and organizational knowledge[J]. Journal of knowledge management, 6(1): 31-39.

Bierly P, Chakrabarti A, 1996. Generic knowledge strategies in the US pharmaceutical industry[J]. Strategic management journal, 17(S2): 123-135.

Birasnav M, 2014. Knowledge management and organizational performance in the service industry: the role of transformational leadership beyond the effects of transactional leadership[J]. Journal of business research, 67(8): 1622-1629.

Bruyaka O P, 2008. Alliance partner diversity and biotech firms' exit: differing effects on dissoluion vs. divestment[C]//Academy of management proceedings. Briarcliff Manor: Academy of Management, (1): 1-6.

Carnabuci G, Bruggeman J, 2009. Knowledge specialization, knowledge brokerage and the uneven growth of technology domains[J]. Social forces, 88(2): 607-641.

Carnabuci G, Operti E, 2013. Where do firms' recombinant capabilities come from? Intraorganizational networks, knowledge, and firms' ability to innovate through technological recombination[J]. Strategic management journal, 34(13): 1591-1613.

Cecere G, Ozman M, 2014. Technological diversity and inventor networks[J].

Economics of innovation and new technology, 23(2): 161-178.

Christensen C, 2000. Meeting the challenge of disruptive change-Clayton Christensen responds[J]. Harvard business review, 78(5): 194-194.

Clark K B, Fujimoto T, Cook A, 1991. Product development performance: strategy, organization, and management in the world auto industry[M]. Cambridge: Harvard Business School Press.

Cohen M D, 1991. Individual learning and organizational routine: emerging connections[J]. Organization science, 2(1): 135-139.

Cohen M D, Bacdayan P, 1994. Organizational routines are stored as procedural memory: evidence from a laboratory study[J]. Organization science, 5(4): 554-568.

Cohen M D, Burkhart R, Dosi G, et al. , 1996. Routines and other recurring action patterns of organizations: contemporary research issues[J]. Industrial and corporate change, 5(3): 653-698.

Cohen W M, Levinthal D A, 1990. Absorptive capacity: a new perspective on learning and innovation[J]. Administrative science quarterly, 35(1): 128-152.

Cowan R, David P A, Foray D, 2000. The explicit economics of knowledge codification and tacitness[J]. Industrial and corporate change, 9(2): 211-253.

Cummings J L, Teng B S, 2003. Transferring R&D knowledge: the key factors affecting knowledge transfer success [J]. Journal of engineering and technology management, 20(1-2): 39-68.

Dahlin K B, Behrens D M, 2005. When is an invention really radical?: Defining and measuring technological radicalness[J]. Research policy, 34(5): 717-737.

Davenport T H, Prusak L, 1998. Working knowledge: How organizations manage what they know[M]. Brighton: Harvard Business Press.

David P A, 1985. Clio and the economics of QWERTY[J]. The American economic review, 75(2): 332-337.

De Boer M, Van Den Bosch F A J, Volberda H W, 1999. Managing organizational knowledge integration in the emerging multimedia complex[J]. Journal of management studies, 36(3): 379-398.

Dewar R D, Dutton J E, 1986. The adoption of radical and incremental innovations: an empirical analysis [J]. Management science, 32 (11): 1422-1433.

Duysters G, Lokshin B, 2011. Determinants of alliance portfolio complexity and its effect on innovative performance of companies [J]. Journal of product innovation management, 28(4): 570-585.

Enkel E, Heil S, 2014. Preparing for distant collaboration: antecedents to potential absorptive capacity in cross-industry innovation[J]. Technovation, 34(4): 242-260.

Erdilek A, Rapoport A, 1985. Conceptual and measurement problems in international technology transfer: a critical analysis [M]// Samli A C. Technology Transfer: Geographic, Economics, Cultural, and Technical Dimensions. Westport: Quorum Books: 249-261.

Fang E, 2011. The effect of strategic alliance knowledge complementarity on new product innovativeness in China [J]. Organization science, 22 (1): 158-172.

Feller J, Parhankangas A, Smeds R, et al., 2013. How companies learn to collaborate: emergence of improved inter-organizational processes in R&D alliances[J]. Organization studies, 34(3): 313-343.

Fleming L, 2001. Recombinant uncertainty in technological search [J]. Management science, 47(1): 117-132.

Fleming L, 2002. Finding the organizational sources of technological breakthroughs: the story of Hewlett-Packard's thermal ink-jet[J]. Industrial and corporate change, 11(5): 1059-1084.

Fleming L, Chen M D, 2007. Collaborative Brokerage, Generative Creativity, and Creative Success[J]. Administrative Science Quarterly, 52(3): 443-475.

Fleming L, Sorenson O, 2001. Technology as a complex adaptive system: evidence from patent data[J]. Research policy, 30(7): 1019-1039.

Fleming L, Sorenson O, 2004. Science as a map in technological search[J]. Strategic management journal, 25(8-9): 909-928.

Freeman C, Soete L, 1997. The Economics of Industrial Innovation [M]. Abingdon: Psychology Press.

Galunic D C, Rodan S, 1998. Resource recombinations in the firm: knowledge structures and the potential for Schumpeterian innovation [J]. Strategic management journal, 19(12): 1193-1201.

Gersick C J G, Hackman J R, 1990. Habitual routines in task-performing groups[J]. Organizational behavior and human decision processes, 47(1): 65-97.

Gilsing V A, Duysters G M, 2008. Understanding novelty creation in exploration networks—structural and relational embeddedness jointly considered[J]. Technovation, 28(10): 693-708.

Gilsing V, Nooteboom B, Vanhaverbeke W, et al., 2008. Network embeddedness and the exploration of novel technologies: technological distance, betweenness centrality and density[J]. Research policy, 37(10): 1717-1731.

Gourlay S, 2006. Conceptualizing knowledge creation: a critique of Nonaka's theory[J]. Journal of management studies, 43(7): 1415-1436.

Grant R M, 1996. Toward a knowledge-based theory of the firm[J]. Strategic management journal, 17(S2): 109-122.

Grant R M, 1996. Prospering in dynamically-competitive environments: organizational capability as knowledge integration[J]. Organization science, 7(4): 375-387.

Grant R M, Baden-Fuller C, 2004. A knowledge accessing theory of strategic alliances[J]. Journal of management studies, 41(1): 61-84.

Grebel T, 2013. On the tradeoff between similarity and diversity in the creation of novelty in basic science[J]. Structural change and economic dynamics, 27: 66-78.

Guillou S, Lazaric N, Longhi C, et al., 2009. The French defence industry in the knowledge management era: A historical overview and evidence from empirical data[J]. Research policy, 38(1): 170-180.

Hagger-Johnson G, Bewick B M, Conner M, et al., 2011. Alcohol, conscientiousness and event-level condom use[J]. British journal of health psychology, 16(4): 828-845.

Hall B H, Jaffe A, Trajtenberg M, 2005. Market value and patent citations[J]. RAND journal of economics, 76(5): 16-38.

Haupt R, Kloyer M, Lange M, 2007. Patent indicators for the technology life cycle development[J]. Research policy, 36(3): 387-398.

Hayes A F, Preacher K J, 2010. Quantifying and testing indirect effects in simple mediation models when the constituent paths are nonlinear[J]. Multivariate behavioral research, 45(4): 627-660.

He Z L, Wong P K, 2004. Exploration vs. exploitation: an empirical test of the ambidexterity hypothesis[J]. Organization science, 15(4): 481-494.

Hedlund G, 1994. A model of knowledge management and the N-form corporation[J]. Strategic management journal, 15(S2): 73-90.

Henderson R M, Clark K B, 1990. Architectural innovation: the reconfiguration of existing product technologies and the failure of established firms[J]. Administrative science quarterly, 35(1): 9-30.

Henderson R, Cockburn I, 1994. Measuring competence? Exploring firm effects in pharmaceutical research[J]. Strategic management journal, 15(S1): 63-84.

Hodgson G M, Knudsen T, 2004. The complex evolution of a simple traffic convention: the functions and implications of habit[J]. Journal of economic behavior & organization, 54(1): 19-47.

Huang Z, Chen H, Chen Z K, et al., 2004. International nanotechnology development in 2003：Country，institution，and technology field analysis based on USPTO patent database[J]. Journal of Nanoparticle Research，6(4)：325-354.

Huang Z，Chen H，Yip A，et al.，2003. Longitudinal Patent Analysis for Nanoscale Science and Engineering：Country，Institution and Technology Field[J]. Journal of Nanoparticle Research，5(3-4)：333-363.

Huber G P，1991. Organizational learning：the contributing processes and the literatures[J]. Organization science，2(1)：88-115.

Inkpen A C，Dinur A，1998. Knowledge management processes and international joint ventures[J]. Organization science，9(4)：454-468.

Jaffe A B，1986. Technological opportunity and spillovers of R&D：evidence from firms' patents，profits，and market values[J]. American economic review，76(5)：984-1001.

Jaffe A B，Trajtenberg M，2002. Patents，citations，and innovations：a window on the knowledge economy[M]. Cambridge：MIT press.

Jiang R J，Tao Q T，Santoro M D，2010. Alliance portfolio diversity and firm performance[J]. Strategic management journal，31(10)：1136-1144.

Johannessen J A，Olsen B，Olaisen J，1999. Aspects of innovation theory based on knowledge-management [J]. International journal of information management，19(2)：121-139.

Kaplan S，Vakili K，2015. The double-edged sword of recombination in breakthrough innovation[J]. Strategic management Journal，36(10)：1435-1457.

Kauffman S A，1993. The origins of order[M]. Oxford：Oxford University Press.

Kogut B，Zander U，1992. Knowledge of the firm，combinative capabilities，and the replication of technology[J]. Organization science，3(3)：383-397.

Kogut B，Zander U，1993. Knowledge of the firm and the evolutionary theory of the multinational corporation[J]. Journal of international business studies，24(4)：

625-645.

Kotha R, George G, Srikanth K, 2013. Bridging the mutual knowledge gap: coordination and the commercialization of university science[J]. Academy of management journal, 56(2): 498-524.

Lanjouw J O, Schankerman M, 2001. Characteristics of patent litigation: a window on competition[J]. RAND journal of economics, 32(1): 129-151.

Laursen K, 2012. Keep searching and you'll find: what do we know about variety creation through firms' search activities for innovation? [J]. Industrial and corporate change, 21(5): 1181-1220.

Laursen K, Salter A, 2006. Open for innovation: the role of openness in explaining innovation performance among UK manufacturing firms [J]. Strategic management journal, 27(2): 131-150.

Lavie D, Miller S R, 2008. Alliance portfolio internationalization and firm performance[J]. Organization science, 19(4): 623-646.

Levinthal D A, March J G, 1993. The myopia of learning [J]. Strategic management journal, 14(S2): 95-112.

Levitt B, March J G, 1988. Organizational learning [J]. Annual review of sociology, 14(1): 319-338.

Lewis K, 2004. Knowledge and performance in knowledge-worker teams: a longitudinal study of transactive memory systems[J]. Management science, 50(11): 1519-1533.

Li L, Sun L, Wang J, 2014. Multi-source knowledge acquisition model based on rough set[J]. Information technology journal, 13(7): 1386-1390.

Li Y, Vanhaverbeke W, 2009. The effects of inter-industry and country difference in supplier relationships on pioneering innovations [J]. Technovation, 29 (12): 843-858.

Lin C, Wu Y J, Chang C C, et al., 2012. The alliance innovation performance of R&D alliances—the absorptive capacity perspective[J]. Technovation, 32(5):

282-292.

Lin H, 2012. Cross-sector alliances for corporate social responsibility partner heterogeneity moderates environmental strategy outcomes[J]. Journal of business ethics, 110(2): 219-229.

Lodh S, Battaggion M R, 2014. Technological breadth and depth of knowledge in innovation: the role of mergers and acquisitions in biotech[J]. Industrial and corporate change, 24(2): 383-415.

Lyles M A, Salk J E, 1996. Knowledge acquisition from foreign parents in international joint ventures: an empirical examination in the Hungarian context[J]. Journal of international business studies, 27(5): 877-903.

MacKinnon D P, Dwyer J H, 1993. Estimating mediated effects in prevention studies[J]. Evaluation review, 17(2): 144-158.

MacKinnon D P, Fairchild A J, Fritz M S, 2007. Mediation analysis[J]. Annual review of Psychology, 58: 593-614.

MacKinnon D P, Lockwood C M, Brown C H, et al., 2007. The intermediate endpoint effect in logistic and probit regression[J]. Clinical trials, 4(5): 499-513.

MacKinnon D P, Lockwood C M, Hoffman J M, et al., 2002. A comparison of methods to test mediation and other intervening variable effects[J]. Psychological methods, 7(1): 83 - 104.

MacKinnon D P, Warsi G, Dwyer J H, 1995. A simulation study of mediated effect measures[J]. Multivariate behavioral research, 30(1): 41-62.

MacKinnon D, 2012. Introduction to statistical mediation analysis[M]. Abingdon-on-Thames: Routledge.

Maine E, Thomas V J, Bliemel M, et al., 2014. The emergence of the nanobiotechnology industry[J]. Nature nanotechnology, 9(1): 2-5.

Makri M, Hitt M A, Lane P J, 2010. Complementary technologies, knowledge relatedness, and invention outcomes in high technology mergers and acquisitions[J]. Strategic management journal, 31(6): 602-628.

March J G, 1991. Exploration and exploitation in organizational learning[J]. Organization science, 2(1): 71-87.

March J, Simon H, 1958. Organizations[M]. Oxford: Wiley.

McGrath R G, 2001. Exploratory learning, innovative capacity, and managerial oversight[J]. Academy of management journal, 44(1): 118-131.

Molina-Morales F X, García-Villaverde P M, Parra-Requena G, 2014. Geographical and cognitive proximity effects on innovation performance in SMEs: a way through knowledge acquisition[J]. International entrepreneurship and management journal, 10(2): 231-251.

Mowery D C, Oxley J E, Silverman B S, 1996. Strategic alliances and interfirm knowledge transfer[J]. Strategic management journal, 17(S2): 77-91.

Nahapiet J, Ghoshal S, 1998. Social capital, intellectual capital, and the organizational advantage [J]. Academy of management review, 23 (2): 242-266.

Naiberg R, 2003. Patent attorney with Goodmans Law LLP in Toronto, Canada. Interviewed by K. Dahlin.

Narin F, Olivastro D, 1988. Technology indicators based on patents and patent citations[M]//Handbook of quantitative studies of science and technology. Amsterdam: Elsevier: 465-507.

Narin F, Olivastro D, 1988b. Patent citation analysis: new validation studies and linkage statistics[M]//van Raan A F J, Nederhoff A J, Moed H F. Science Indicators: their use in science policy and their role in science studies. The Netherlands: DSWO Press: 14-16.

Nickerson J A, Zenger T R, 2004. A knowledge-based theory of the firm—the problem-solving perspective[J]. Organization science, 15(6): 617-632.

Nonaka I, 1994. A dynamic theory of organizational knowledge creation[J]. Organization science, 5(1): 14-37.

Nonaka I, Takeuchi H, 1995. The knowledge-creating company: how Japanese companies create the dynamics of innovation[M]. Oxford: Oxford university press.

Nonaka, Takeuchi H, Umemoto K, 1996. A theory of organizational knowledge creation [J]. International journal of technology management, 11 (7-8): 833-845.

Nooteboom B, 1999. Interfirm alliances: international analysis and design[M]. Abingdon-on-Thames: Routledge.

Nooteboom B, Van Haverbeke W, Duysters G, et al. , 2007. Optimal cognitive distance and absorptive capacity[J]. Research policy, 36(7): 1016-1034.

Parkhe A, 1991. Interfirm diversity, organizational learning, and longevity in global strategic alliances[J]. Journal of international business studies, 22(4): 579-601.

Penrose E T, 2009. The theory of the growth of the firm[M]. Oxford: Oxford university press.

Petruzzelli A M, 2011. The impact of technological relatedness, priories, and geographical distance on university - industry collaborations: a joint-patent analysis[J]. Technovation, 31(7): 309-319.

Phelps C C, 2010. A longitudinal study of the influence of alliance network structure and composition on firm exploratory innovation [J]. Academy of management journal, 53(4): 890-913.

Polanyi M, 1962. Tacit knowing: its bearing on some problems of philosophy[J]. Reviews of modern physics, 34(4): 601.

Rodan S, Galunic C, 2004. More than network structure: how knowledge heterogeneity influences managerial performance and innovativeness [J]. Strategic management journal, 25(6): 541-562.

Roos L E, Mota N, Afifi T O, et al. , 2013. Relationship between adverse childhood experiences and homelessness and the impact of axis I and II disorders[J]. American journal of public health, 103(2): 275-281.

Ross L E, Richardson L C, Berkowitz Z, 2006. The effect of physician-patient discussions on the likelihood of prostate-specific antigen testing[J]. Journal of the National Medical Association, 98(11): 1823 - 1829.

Sampson R C, 2007. R&D alliances and firm performance: the impact of technological diversity and alliance organization on innovation[J]. Academy of management journal, 50(2): 364-386.

Schilling M A, 2000. Toward a general modular systems theory and its application to interfirm product modularity [J]. Academy of management review, 25(2): 312-334.

Schoenmakers W, Duysters G, 2010. The technological origins of radical inventions[J]. Research policy, 39(8): 1051-1059.

Sears J, Hoetker G, 2014. Technological overlap, technological capabilities, and resource recombination in technological acquisitions[J]. Strategic management journal, 35(1): 48-67.

Shane S, 2001. Technological opportunities and new firm creation [J]. Management science, 47(2): 205-220.

Shu C, Page A L, Gao S, et al., 2012. Managerial ties and firm innovation: is knowledge creation a missing link? [J]. Journal of product innovation management, 29(1): 125-143.

Sidhu J S, Commandeur H R, Volberda H W, 2007. The multifaceted nature of exploration and exploitation: value of supply, demand, and spatial search for innovation[J]. Organization science, 18(1): 20-38.

Simonin B L, 1999. Ambiguity and the process of knowledge transfer in strategic alliances[J]. Strategic management journal, 20(7): 595-623.

Singh J, 2008. Distributed R&D, cross-regional knowledge integration and quality of innovative output[J]. Research policy, 37(1): 77-96.

Smith E A, 2001. The role of tacit and explicit knowledge in the workplace[J].

Journal of knowledge management, 5(4): 311-321.

Smith V M, 1993. Who's who in additives-a technological approach [J]. Chemical Weekly-Bombay, 38: 137-137.

Sorenson O, Rivkin J W, Fleming L, 2006. Complexity, networks and knowledge flow[J]. Research policy, 35(7): 994-1017.

Starbuck W H, 1992. Learning by knowledge-intensive firms[J]. Journal of management studies, 29(6): 713-740.

Stene E O, 1940. An Approach to a Science of Administration. [J]. American Political Science Review, 34(6): 1124-1137.

Strumsky D, Lobo J, 2015. Identifying the sources of technological novelty in the process of invention[J]. Research policy, 44(8): 1445-1461.

Strumsky D, Lobo J, Van der Leeuw S, 2012. Using patent technology codes to study technological change[J]. Economics of innovation and new technology, 21(3): 267-286.

Subramanian A M, Soh P H, 2017. Linking alliance portfolios to recombinant innovation: the combined effects of diversity and alliance experience[J]. Long range planning, 50(5): 636-652.

Taylor A, Greve H R, 2006. Superman or the fantastic four? Knowledge combination and experience in innovative teams[J]. Academy of management journal, 49(4): 723-740.

Teece D J, Pisano G, Shuen A, 1997. Dynamic capabilities and strategic management[J]. Strategic management journal, 18(7): 509-533.

Tell F, 2013. Knowledge integration and innovation: a survey of the field[M]// Berggren C, Bergek A, Bengtsson L, et al.. Knowledge integration and innovation: critical challenge facing international technology-based firms. Oxford: Oxford University Press, 2013.

Terjesen S, Patel P C, Covin J G, 2011. Alliance diversity, environmental context and the value of manufacturing capabilities among new high technology ventures[J]. Journal of operations management, 29(1-2): 105-115.

Tzabbar D, Aharonson B S, Amburgey T L, 2013. When does tapping external sources of knowledge result in knowledge integration? [J]. Research policy, 42(2): 481-494.

Ulrich K, 1995. The role of product architecture in the manufacturing firm[J]. Research policy, 24(3): 419-440.

Uzzi B, Mukherjee S, Stringer M, et al., 2013. Atypical combinations and scientific impact[J]. Science, 342(6157): 468-472.

Van Beers C, Zand F, 2014. R&D cooperation, partner diversity, and innovation performance: an empirical analysis [J]. Journal of product innovation management, 31(2): 292-312.

Van den Bergh J C J M, 2008. Optimal diversity: increasing returns versus recombinant innovation[J]. Journal of economic behavior & organization, 68(3-4): 565-580.

Weitzman M L, 1998. Recombinant growth [J]. The quarterly journal of economics, 113(2): 331-360.

Wheelwright S C, Clark K B, 1992. Revolutionizing product development: quantum leaps in speed, efficiency, and quality[M]. New York: Simon and Schuster.

Williams K, O'Reilly C A, 1998. Demography and Diversity in Organizations: A Review of 40 Years of Research[J]. Research in organizational behavior, 20: 77-140.

Winship C, Mare R D, 1983. Structural equations and path analysis for discrete data[J]. American journal of Sociology, 89(1): 54-110.

Winter S G, Nelson R R, 1982. An evolutionary theory of economic change[M]. Cambridge: Harvard University Press.

Wuyts S, Dutta S, 2014. Benefiting from alliance portfolio diversity: the role of past internal knowledge creation strategy[J]. Journal of management, 40(6):

1653-1674.

Xiao T, 2015. Highlighting the role of knowledge linkages in knowledge recombination[D]. Ohio: The Ohio State University.

Yayavaram S, Ahuja G, 2008. Decomposability in knowledge structures and its impact on the usefulness of inventions and knowledge-base malleability[J]. Administrative science quarterly, 53(2): 333-362.

Yli-Renko H, Autio E, Sapienza H J, 2001. Social capital, knowledge acquisition, and knowledge exploitation in young technology-based firms[J]. Strategic management journal, 22(6-7): 587-613.

Zhang Y, Li H, Li Y, et al., 2010. FDI spillovers in an emerging market: the role of foreign firms' country origin diversity and domestic firms' absorptive capacity[J]. Strategic management journal, 31(9): 969-989.

Zheng Y, Yang H, 2015. Does familiarity foster innovation? The impact of alliance partner repeatedness on breakthrough innovations[J]. Journal of management studies, 52(2): 213-230.

Zollo M, Reuer J J, Singh H, 2002. Interorganizational routines and performance in strategic alliances[J]. Organization science, 13(6): 701-713.

陈静，2010. 基于过程视角的知识整合能力形成机制[J]. 科技管理研究，30(22)：186-189.

陈力，鲁若愚，2003. 企业知识整合研究[J]. 科研管理，24(3)：32-38.

陈涛，王铁男，朱智洺，2013. 知识距离、环境不确定性和组织间知识共享——一个存在调节效应的实证研究[J]. 科学学研究，31(10)：1532-1540.

陈文春，袁庆宏，2009. 关系原型对组织知识整合能力形成的作用机制：基于组织学习的视角[J]. 科学管理研究，27(6)：61-64＋109.

陈钰芬，陈劲，2008. 开放度对企业技术创新绩效的影响[J]. 科学学研究，26(2)：419-426.

陈钰芬，陈劲，2009. 开放式创新促进创新绩效的机制研究[J]. 科研管理，30(4)：1-9.

崔月慧，2015. 知识相关性、知识整合能力对跨国并购知识转移绩效的影响研究[D]. 吉林：吉林大学.

杜静，2003. 基于知识整合的企业技术能力提升机制和模式研究[D]. 杭州：浙江大学.

高继平，丁堃，潘云涛，等，2015. 知识元研究述评[J]. 情报理论与实践，38(7)：134-138.

简兆权，吴隆增，黄静，2008. 吸收能力、知识整合对组织创新和组织绩效的影响研究[J]. 科研管理，29(1)：80-86.

简兆权，占孙福，2009. 吸收能力、知识整合与组织知识及技术转移绩效的关系研究[J]. 科学学与科学技术管理，30(6)：81-86.

蒋楠，赵嵩正，2016. 知识连接、知识距离与知识共创关系研究[J]. 情报科学，34(6)：138-142.

廖粲，2013. 技术知识特性对企业合作创新能力的影响研究[D]. 杭州：杭州电子科技大学.

刘灿辉，安立仁，2016. 员工多样性、知识共享与个体创新绩效——一个有调节的中介模型[J]. 科学学与科学技术管理，37(7)：170-180.

刘红云，骆方，张玉，等，2013. 因变量为等级变量的中介效应分析[J]. 心理学报，45(12)：1431-1442.

刘洋，魏江，应瑛，2011. 组织二元性：管理研究的一种新范式[J]. 浙江大学学报：人文社会科学版(6)：132-142.

刘征驰，张晓换，石庆书，2015. 开放式创新下的专用性知识获取——知识关联与进入权安排[J]. 软科学(7)：51-55.

刘志迎，单洁含，2013. 技术距离、地理距离与大学-企业协同创新效应——基于联合专利数据的研究[J]. 科学学研究，31(9)：1331-1337.

栾春娟，2012. 战略性新兴产业共性技术测度指标研究[J]. 科学学与科学技术管理，33(2)：11-16.

吕兴群，2016. 科技型新企业领导风格对创新绩效的影响研究：知识获取的中介作用[D]. 吉林：吉林大学.

彭凯，孙海法，2012. 知识多样性、知识分享和整合及研发创新的相互关系——基于知识 IPO 的 R&D 团队创新过程分析[J]. 软科学，26(9)：15-19.

任皓，邓三鸿，2002. 知识管理的重要步骤——知识整合[J]. 情报科学，20(6)：650-653.

戎彦珍，2016. 包容型领导、二元创新及组织绩效之间的关系研究——环境不确定性的调节中介模型[D]. 合肥：中国科学技术大学.

申恩平，廖粲，2011. 技术知识特性对企业技术创新的影响研究——基于知识整合的观点[J]. 新西部(12)：63-64.

沈达明，冯大同，2015. 技术转让与工业产权[M]. 北京：对外经济贸易大学出版社.

沈群红，封凯栋，2002. 组织能力、制度环境与知识整合模式的选择——中国电力自动化行业技术集成的案例分析[J]. 中国软科学(12)：82-88.

宋志红，2006. 企业创新能力来源的实证研究[D]. 北京：对外经济贸易大学.

孙彪，刘玉，刘益，2012. 不确定性、知识整合机制与创新绩效的关系研究——基于技术创新联盟的特定情境[J]. 科学学与科学技术管理，33(1)：51-59.

万小丽，2009. 专利质量指标研究[D]. 武汉：华中科技大学.

魏江，徐蕾，2014. 知识网络双重嵌入、知识整合与集群企业创新能力[J]. 管理科学学报，17(2)：34-47.

魏钧，李淼淼，2014. 团队知识转移：多样性与网络传递性的作用[J]. 科研管理，35(5)：70-76.

温有奎，徐国华，2003. 知识元链接理论[J]. 情报学报，22(6)：665-670.

温忠麟，范息涛，叶宝娟，等，2016. 从效应量应有的性质看中介效应量的合理性[J]. 心理学报，48(4)：435-443.

温忠麟，侯杰泰，张雷，2005. 调节效应与中介效应的比较和应用[J]. 心理学报，37(2)：268-274.

温忠麟，叶宝娟，2014. 中介效应分析：方法和模型发展[J]. 心理科学进展，22(5)：731-745.

温忠麟，张雷，侯杰泰，等，2004. 中介效应检验程序及其应用[J]. 心理学报，36(5)：

614-620.

文庭孝，2007. 知识单元的演变及其评价研究[J]. 图书情报工作(10)：72-76.

文庭孝，李维，2014. 基于知识单元的知识链接研究[J]. 图书馆(06)：4-7.

吴俊杰，戴勇，2013. 企业家社会资本、知识整合能力与技术创新绩效关系研究[J]. 科技进步与对策，30(11)：84-88.

项丽瑶，2016. 知识/研究者多样性、双模网络结构与新兴技术创新绩效：中美新兴技术企业实证比较[D]. 杭州：浙江工商大学.

肖志雄，2014. 知识距离对知识吸收能力影响的实证研究——以服务外包企业为例[J]. 情报科学(10)：61-64.

谢洪明，葛志良，王琪，2008. 基于技术知识特性与知识整合的企业技术创新研究[J]. 华南理工大学学报(社会科学版)，10(06)：63-68.

谢洪明，吴隆增，2006. 技术知识特性、知识整合能力和效果的关系——一个新的理论框架[J]. 科学管理研究，24(2)：55-59.

谢洪明，吴溯，王现彪，2008. 知识整合能力、效果与技术创新[J]. 科学学与科学技术管理(8)：88-93.

徐荣生，2001. 知识单元初论[J]. 图书馆杂志(07)：2-5.

张宵苹，2013. 企业社会资本、知识整合能力与知识转移绩效关系研究[D]. 西安：西安工程大学.

张妍，2014. 战略导向、研发伙伴多样性与创新绩效[D]. 杭州：浙江大学.

张妍，魏江，2016. 战略导向、研发伙伴多样性与创新绩效[J]. 科学学研究，34(3)：443-452.

赵琳，2014. 创业板上市公司董事会治理绩效影响因素研究[D]. 济南：山东大学.

赵琳，谢永珍，2013. 异质外部董事对创业企业价值的影响——基于非线性的董事会行为中介效应检验[J]. 山西财经大学学报，35(11)：86-94.

赵蓉英，2007. 论知识网络的结构[J]. 图书情报工作(9)：6-10.

赵云辉，2016. 知识多样性对跨国公司知识转移绩效的影响研究——知识一致性的调节效应[J]. 技术经济与管理研究(9)：10-14.

周建其，2006. 竞争性战略联盟中知识整合能力与价值创造关系的实证研究[D]. 重庆：重庆大学.

周密，赵文红，宋红媛，2015. 基于知识特性的知识距离对知识转移影响研究[J]. 科学学研究，33(7)：1059-1068.

周宁，余肖生，刘玮，等，2006. 基于XML平台的知识元表示与抽取研究[J]. 中国图书馆学报，32(3)：41-45.

朱朝晖，2008. 探索性学习和挖掘性学习的协同与动态：实证研究[J]. 科研管理，29(6)：1-9.

朱伟民，2011. 组织惯例的内涵、特征及作用研究[J]. 商业研究(3)：41-49.

朱晓芸，陈奇，杨枨，等，1993. 决策支持系统中的广义知识元及模型库[C]//中国控制与决策学术年会.《控制与决策》论文集：1993年卷. 北京：《控制与决策》编辑部.

朱亚萍，2014. 企业知识专门化与探索式创新绩效：研发网络知识整合的悖论[J]. 宁波大学学报(人文版)(2)：102-107.